알통

[R을 활용하여 배우는 통계 기반 데이터 분석]

인공지능 학습에 통계를 더하다

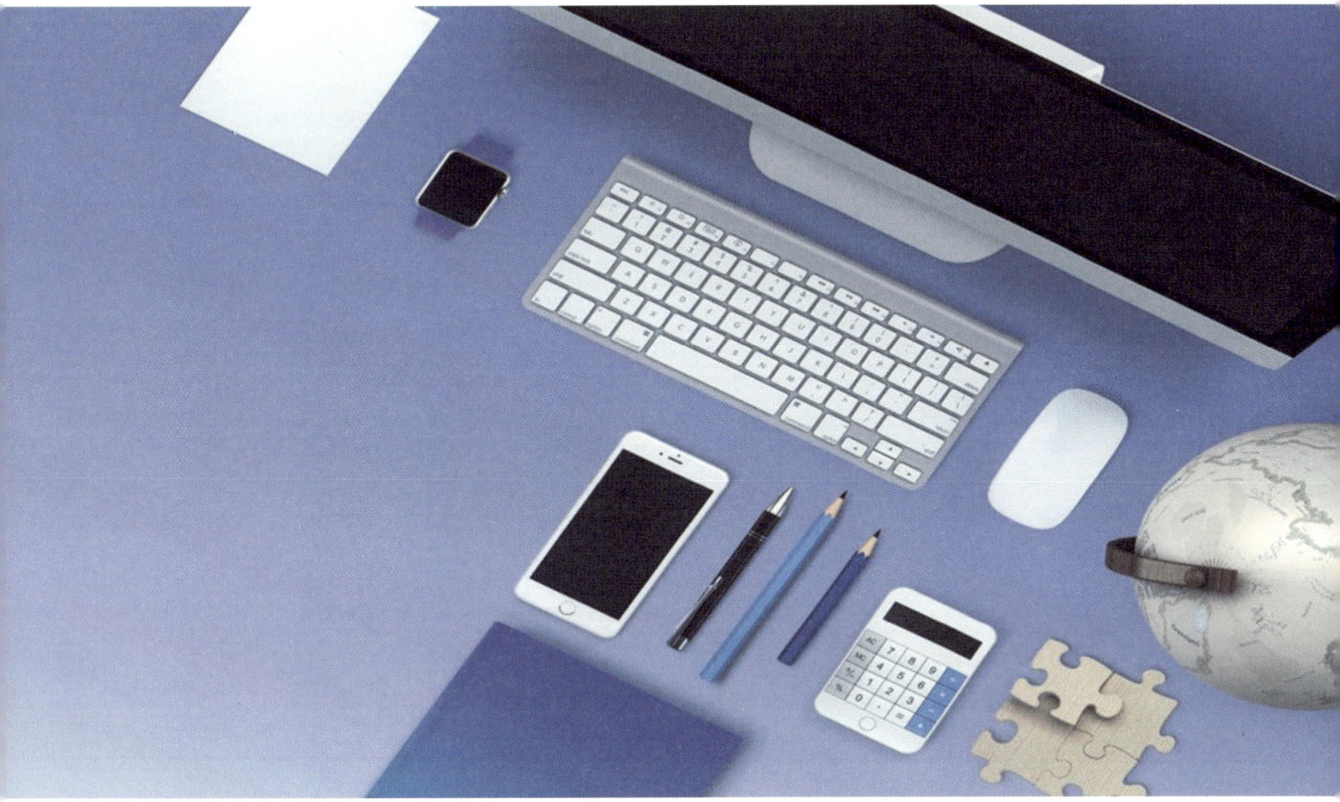

황윤찬 · 이 현 지음

STORYJOA

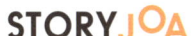

알통
[R을 활용하여 배우는 통계 기반 데이터 분석]

인　　쇄	2021년 1월 23일 초판 1쇄 인쇄
발　　행	2021년 1월 30일 초판 1쇄 발행
지 은 이	황윤찬 · 이 현 지음
발 행 처	STORYJOA
발 행 인	황윤찬
주　　소	서울특별시 강남구 영동대로 602 6층 C112호(삼성동)
등록번호	제 2020-000296호
I S B N	979-11-972490-1-3　93500
구입 및 내용 문의	korea56@gmail.com
정　　가	23,000원

본 교재는 과학기술정보통신부 및 정보통신기획평가원(IITP)에서 지원하는
「소프트웨어중심대학」 사업의 결과물입니다.

• 샘플파일 다운로드
　홈페이지 : www.storyjoa.com / 인공지능 출판 id : storyjoa / pass : storyjoa
　접속하시면 샘플 파일이 있습니다.

• 본 교재 소유자에 한해 무료로 받아서 보실 수 있습니다.

• 저작권법에 의하여 한국 내에서 보호를 받는 저작물이므로 무단전재와 무단복제를 금합니다.

ㅣ 저자의 말

'많아지면 달라진다.' 라는 말이 있습니다. 우리는 쇼핑을 하거나 배달 음식을 먹거나 음악을 듣고 영화를 보는 일을 자신의 생각으로 결정을 하지만 타인의 선택이나 추천 그리고 많은 사람들이 경험하고 남긴 댓글 데이터에 작게 또는 많은 영향을 받습니다. 구글과 페이스북, 트위터, 인스타그램, 우버, 에어비앤비 등 이미 많은 기업들이 인공지능을 만들기 위해 데이터를 가장 중요한 원유 수단으로 알고 클라우드 서비스를 만들고 데이터를 학습시키는 모델을 만들어 오픈 소스로 배포하고 있습니다. 우리는 이러한 데이터를 수집하고 분석하는 것도 중요하지만 데이터의 본질을 볼 수 있는 눈이 필요합니다. 그것이 바로 통계적 모델을 이용한 알고리즘 개발 입니다.

이 책은 빅데이터에 대해 전혀 모르는 초보자부터 통계학을 입문하고자 하는 학습자님께 추천합니다. 책의 내용에는 기초적인 R스크립트를 통해 다양한 민원 데이터에서부터 우리가많이 궁금해 하는 영화 평점을 통해 예측하는 방법까지 세부적으로 다루었습니다. 빅데이터 분석 모델 개발을 위한 가설 설정 및 검정 방법, 가설을 검증하기 위한 통계적 분석 기반 빅데이터 분석 모델과 데이터 마이닝 기반 빅데이터 분석 모델 설계 및 확장 방법, 빅데이터 분석 모델의 성능 평가 방법, 빅데이터 모델 운영 및 개선 방법 등을 학습하여 인공지능에게 학습하기 위한 통계 분석 방법을 R을 통해 학습합니다.

감성 분석을 통해 긍정과 부정을 분석하는 방법을 알면 뉴스 기사나 SNS의 사진 기사들의 감성을 분석할 수 있습니다. 또한 데이터 시각화를 통해 데이터를 보다 편리하고 쉽게 이해할 수 있는 방법에 대해 도식화하였습니다. 공공데이터 부분에서는 정형화된 데이터 속에서 인사이트를 발굴할 수 있는 예제를 담아 통계적 모형을 어떤 함수를 사용하여 쉽게 분석할 수 있는지 설명하였습니다. 트위터 데이터를 분석하기 위해서 API 개발자 등록을 통해 외부에서 데이터를 수집하는 방법또한 자세하게 다루었습니다. 빅데이터를 처리하고 쉽게 분석할 수 있는 방법에 대해 20개의 목차를 만들었습니다.

가설 설정, 통계처리 결과에 대한 해석, 빅데이터 처리 기술, 상관 분석과 회귀 분석, 분산 분석과 주성분 분석, 로지스틱 회귀 분석, 예측 분석, 군집화, 파생 변수를 활용한 분석모델 확장, 앙상블 기법을 활용한 분석모델 확장, 예측 오차를 통한 예측 모델 성능 평가 교차 유효성 검사를 통한 예측 모델 성능 평가, 컨퓨전 메트릭스(Confusion Matrix)를 통한 분류 모델 성능 평가, ROC 곡선 기법을 통한 분류 모델 성능 평가 등의 구성을 통해 데이터에 접근할 수 있는 다양한 통계적 분석 기법에 대해 소개하였습니다.

다소 통계학이 생소하거나 어려운 부분이 많아 따라하기 힘든 분들을 위해 설명에 담겨있는 모든 소스 파일을 다운 받아 직접 테스트해 볼 수 있습니다. 본 교재를 위해 과학기술정보통신부 및 정보통신기획평가원(IITP)과 선문대학교 컴퓨터공학부 모든 관계자 분들께 감사의 마음을 전합니다.

2021년 1월 저자 올림

| 황윤찬

- 현) 스토리조아 대표[빅데이터 분석 및 인공지능 교육]
- 현) 경희사이버대학교 컴퓨터정보통신학과 겸임 교수

■ 경력 사항

- 숭실대학교 통계학 전공 서울, 대전, 부산 인재개발원, 중앙공무원 교육원 등
  빅데이터 및 인공지능 강의 e-koreatech 빅데이터 시각화 NCS 기반 이러닝 콘텐츠 교수설계
- e-koreatech 빅데이터 기획 이러닝 콘텐츠 교수설계
- e-koreatech 통계를 활용한 빅데이터 분석 콘텐츠 교수설계
- e-koreatech 텍스트 데이터 분석 교수설계
- 삼성전자 반도체 제조업에 활용되는 센서 빅데이터 처리 실무 강의
- 국제 HRD 센터 이라크, 러시아, 멕시코 프로그래밍 강의(mysql, PHP) 모바일 UX, UI강의
- 홍익대 IDAS, 이화여대, 국민대, 선문대, 경찰대, 한국기술교육대학교,
  계명대학교 특강ETRI 인공지능 자율성장 시나리오 공모 우수상

| 이 현

- 현) 선문대학교 컴퓨터공학부 교수

■ 경력 사항

- University of Texas at Arlington 정보융합 및 보안, 환경지능공학 전공

목 차

알통 [R을 활용하여 배우는 통계 기반 데이터 분석]

Contents

PART 01 빅데이터 정의와 활용 사례 _10

01 빅데이터 정의 및 10가지 사례 _10
02 R 프로그램 설치 _16
03 JDK 설치 _16
04 Rstudio 설치 _17

PART 02 기초 R 스크립트 단련 _18

01 R 스크립트 이해 _18
02 민원 데이터 분석 실습 _20
03 자연어 처리 _21
04 데이터 시각화 _24

PART 03 영화 평점 데이터 분석 _26

01 영화 평점 댓글 데이터 수집 _26
02 데이터 정제 _29
03 데이터 분석 _30
04 데이터 시각화 _32

PART 04 감성 분석(긍정, 부정 분석) _34

01 뉴스 댓글 수집 _34
02 긍정 사전 및 부정 사전 만들기 _35
03 감성 분석 알고리즘 살펴보기 _36
04 데이터 시각화 _38

PART 05 공공 데이터 수집 분석 _40

01 육군 신체 치수 데이터 수집 _40
02 정형 데이터 그래프 시각화 _41
03 서버를 이용한 그래프 시각화 _43

PART 06 트위터 데이터 수집 분석 _46

01 트위터 API 등록하기 _46
02 트위터 데이터 수집 _48
03 트위터 데이터 분석 _51
04 데이터 시각화 _52

PART 07 가설 설정 _55

01 통계기반 분석 모델 _55
02 가설 설정 _57
03 데이터 분포 및 검정통계량 설정 _64

PART 08 통계처리 결과에 대한 해석 _71

01 통계 데이터 용어 해설 _71
02 통계 데이터 검정 활용 _77

PART 09 빅데이터 처리 기술 _83

01 각 분석기법에 대한 통계학 이론 _83
02 통계적 해석 및 업무적용 _86
03 데이터 시각화 기술 _87

PART 10 상관 분석과 회귀 분석 _94

01 상관 분석 _94
02 회귀 분석 _104

PART 11 분산 분석과 주성분 분석 _____112

01 분산 분석 _112
02 주성분 분석 _118

PART 12 로지스틱 회귀 분석 _____126

01 분류 _126
02 로지스틱 회귀 분석 _128

PART 13 예측 분석 _____138

01 예측 _138
02 예측 모델 생성 _142

PART 14 군집화 _____145

01 군집화 _145
02 K 평균 군집화 _148
03 K 평균 군집화 모델 생성 _151

PART 15 파생 변수를 활용한 분석모델 확장 _____155

01 파생 변수 _155
02 분석모델 확장 _159

PART 16 앙상블 기법을 활용한 분석모델 확장 _____162

01 배깅(Bagging) _165
02 부스팅(Boosting) _166
03 랜덤 포레스트(Random Forest) _168
04 분석모델 확장 _168

PART 17　예측 오차를 통한 예측 모델 성능 평가 ___171

01 예측 오차 _171
02 예측 모델 성능평가 _178

PART 18　교차 유효성 검사를 통한 예측 모델 성능 평가 ___182

01 교차 유효성 검사 _182
02 예측 모델 성능 평가 _185

PART 19　컨퓨젼 메트릭스(Confusion Matrix)를 통한 분류 모델 성능 평가 ___188

01 혼동 행렬 _188
02 분류 모델 성능 평가 _193

PART 20　ROC 곡선 기법을 통한 분류 모델 성능 평가 ___196

01 ROC 곡선 _196
02 분류 모델 성능 평가 _200

알통
[R을 활용하여 배우는 통계 기반 데이터 분석]

STORYJOA

알통 [R을 활용하여 배우는 통계 기반 데이터 분석]

PART 01 빅데이터 정의와 활용 사례

01 빅데이터 정의 및 10가지 사례

1. 빅데이터 정의

기존 데이터베이스 관리 도구의 능력을 넘어서는 대량(수십 테라바이트)의 정형 또는 데이터베이스 형태가 아닌 비정형의 데이터 집합조차 포함한 데이터로부터 가치를 추출하고 결과를 분석하는 기술을 말한다.

■ **통상적으로 사용되는 데이터**
- 수집 및 관리, 처리와 관련된 소프트웨어의 수용 한계를 넘어서는 크기의 데이터
- 사이즈는 단일 데이터 집합의 크기가 수십 테라바이트(TB)에서 수페타바이트(PB)

Big Data

빅데이터는 얼마나 큰 데이터인가?

1PB=1024TB

▲ 크기가 끊임없이 변화

소셜 네트워크 서비스의 경우
매달 300억 개의
새로운 콘텐츠가 발생

2 ▶ 빅데이터 종류

정형 데이터
• 수치화된 데이터

비정형 데이터
• 텍스트화 형상

반정형 데이터
• 웹로그, 센서 데이터

❶ 정형 데이터(Structured Data)

```
> AirPassengers
     Jan Feb Mar Apr May Jun Jul Aug Sep Oct Nov Dec
1949 112 118 132 129 121 135 148 148 136 119 104 118
1950 115 126 141 135 125 149 170 170 158 133 114 140
1951 145 150 178 163 172 178 199 199 184 162 146 166
1952 171 180 193 181 183 218 230 242 209 191 172 194
1953 196 196 236 235 229 243 264 272 237 211 180 201
1954 204 188 235 227 234 264 302 293 259 229 203 229
1955 242 233 267 269 270 315 364 347 312 274 237 278
1956 284 277 317 313 318 374 413 405 355 306 271 306
1957 315 301 356 348 355 422 465 467 404 347 305 336
1958 340 318 362 348 363 435 491 505 404 359 310 337
1959 360 342 406 396 420 472 548 559 463 407 362 405
1960 417 391 419 461 472 535 622 606 508 461 390 432
```

• 관계형 데이터베이스 시스템의 테이블과 같이 구조화된 칼럼에 저장되는 데이터와 파일
• 스키마 형식에 맞게 저장된 스프레드시트 형태의 데이터도 있을 수 있다.

❷ 비정형 데이터(Unstructured Data)

• 데이터 세트가 아닌 하나의 데이터가 수집 데이터
• 텍스트 데이터나 이미지, 동영상 같은 멀티미디어 데이터가 여기에 속한다.

❸ 반정형 데이터(Semi-Structred Data)

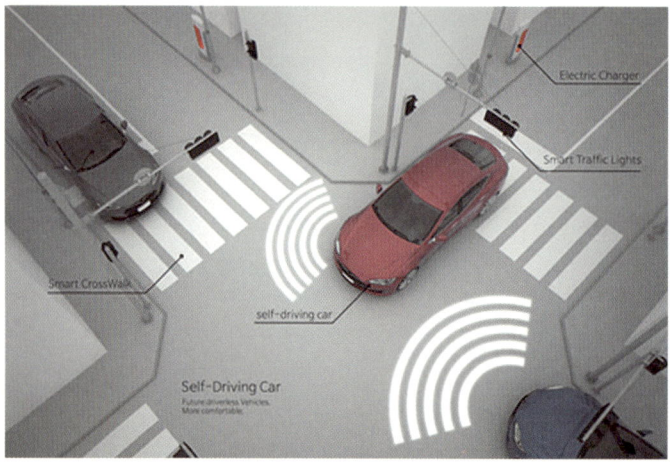

- 태그 등 시맨틱 구분 요소로 만들어진다.
- 정형 구조의 데이터 모델을 준수하지 않는 센서 데이터 및 시스템 로그를 의미한다.

3 빅데이터 사례

❶ some.co.kr [트렌드 분석]
한국 트위터와 블로그에 올라오는 빅데이터를 분석

❷ 카카오트렌드 [트렌드 분석]
다음 통합 검색의 검색어 트렌드를 확인하여 사람들의 생각을 읽을 수 있다.

❸ 네이버 데이터 트렌드 분석
네이버에 있는 실시간 데이터를 분석해 준다.

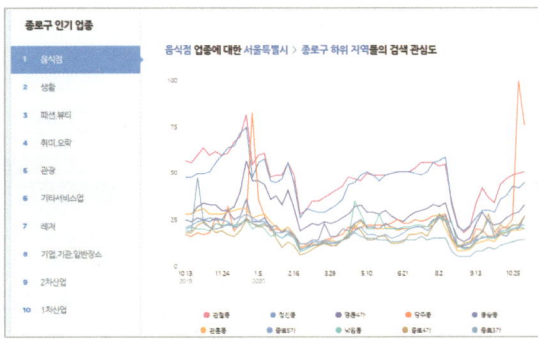

❹ 고객 맞춤형 보험 상품 제공 - 아비바 생명
아비바(영어 : Aviva plc)는 영국의 보험회사이다. 운전자의 운전 패턴으로 만든 맞춤 상품을 개발하여 서비스한다.

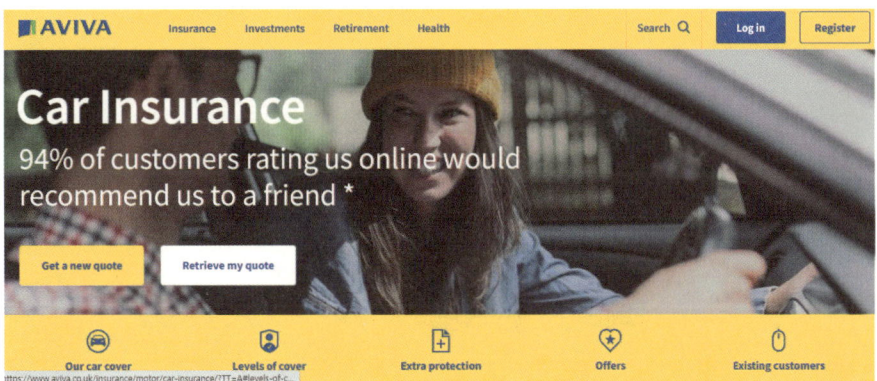

❺ **구글 렌즈**

Google 렌즈를 사용하면 눈에 보이는 사물을 검색하고, 더욱 빠르게 작업을 처리하며, 카메라와 사진만으로 주변 세상을 이해할 수 있다.

❻ **아마존 닷컴**

고객 주문을 사전에 예측하여 배송해 주거나 고객 콘텐츠 필터링을 통해 추천 서비스를 해준다.

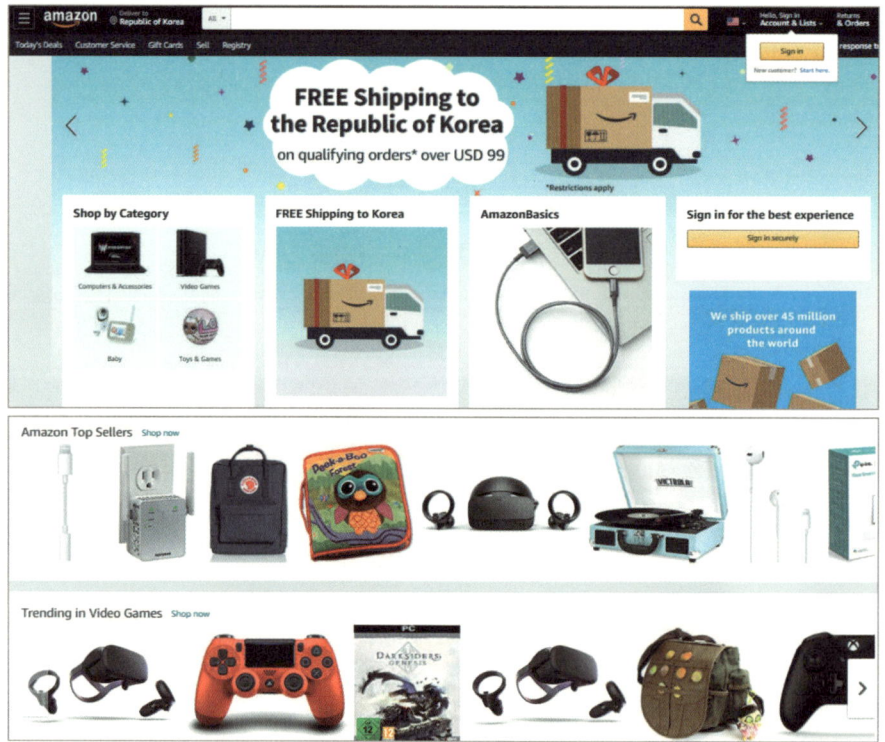

❼ 농업 빅데이터 분석 - https://climate.com/ (클라이밋)

클라이밋 코퍼레이션은 구글 출신 과학자와 엔지니어 2명이 만든 기업으로 미국 내 주요 농업현장에서 발생하는 다양한 데이터를 분석하여 농가의 의사결정을 지원하는 서비스를 제공한다.

❽ 마이크로소프트 인공지능 Lab

사람들의 얼굴 인식, 이미지 인식, 코드 인식 기술, 카메라 센서 기술을 이용하여 수많은 데이터를 학습시켜 다양한 분야의 서비스를 만들 수 있다.

❾ 넷플릭스

넷플릭스는 기능기반(Feature based)의 구독형 모델을 제공한다. 콘텐츠 기반 필터링과 협업 필터링을 통해 고객에게 영화를 추천해 주는 서비스를 통해 전 세계 영화광들에게 많은 인기를 모으고 있다.

 ## R 프로그램 설치

http://cran.r-project.org에 접속해서 R 최신버전을 다운로드하기

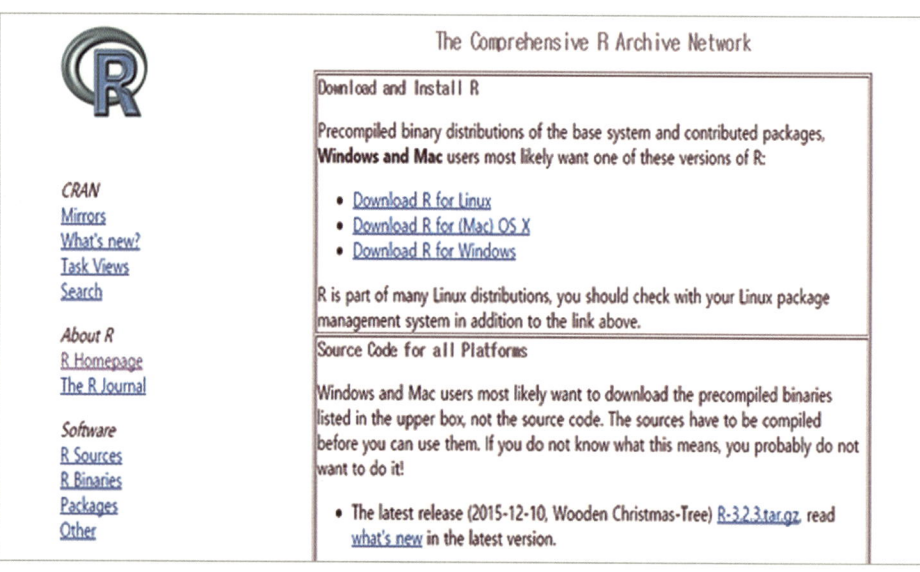

 ## JDK 설치

http://www.oracle.com에서 JDK를 설치한다. 검색 버튼을 눌러 'jdk'라고 검색하여 다운로드를 받을 수 있다.

 Rstudio 설치

http://www.rstudio.com에서 R스튜디오를 설치한다.

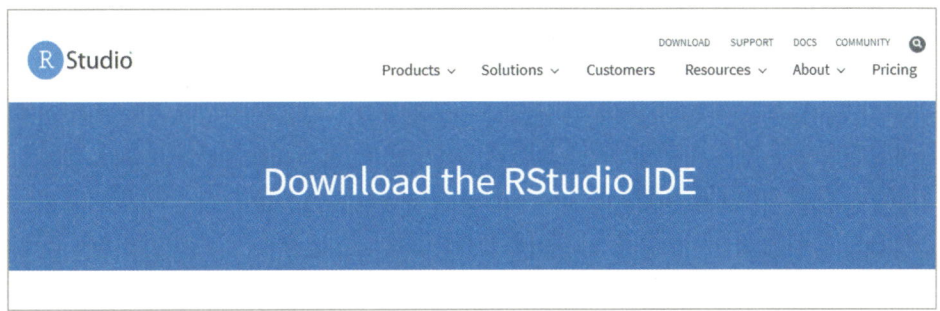

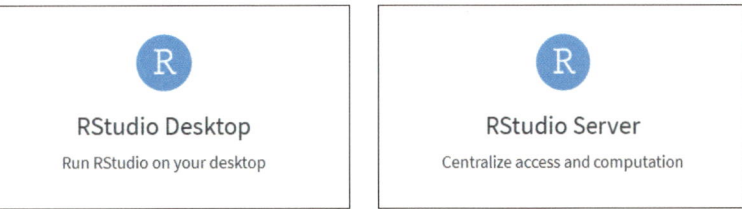

알통 [R을 활용하여 배우는 통계 기반 데이터 분석]

PART 02 기초 R 스크립트 단련

01 R 스크립트 이해

1 작업용 디렉토리 설정

> setwd("c:\\R") ← C드라이브에 R폴더를 만들어 작업 디렉토리로 설정한다.
> getwd( ) ← 현재 설정된 작업 디렉토리를 확인합니다.
[1] "c:/R"

또는 아래와 같이 지정해도 됩니다.
> setwd("c:/R") ← 슬래쉬 기호인 것에 주의하세요.
> getwd( )
[1] "c:/R"

2 간단한 화면 결과 보여주기 코드

> print(1+2) ← 이렇게 print 안에 출력하고 싶은 내용을 쓰면 됩니다.
[1] 3
> 1+2 ← 이렇게 해도 사실 print 명령이 생략된 것입니다.
[1] 3
> print('a') ← 문자를 출력할 때는 홑따옴표를 붙여야 합니다.
[1] "a"
> 'a' ← 그냥 문자만 입력해도 정상적으로 출력됩니다.
[1] "a"
> print(pi) ← 소수점일 경우 총 7자리로 출력합니다.
[1] 3.141593
> print(pi,digits=3) ← digits로 자리수를 지정할 수 있습니다. **예** 3을 하면 두자릿수 표현
[1] 3.14

3. 숫자형과 주요 산술 연산자

> 1+2
[1] 3

기 호	의 미	사용 예 → 결과
+	더하기	5+6 → 11
-	빼기	5-4 → 1
*	곱하기	5 * 6 → 30
/	나누기(실수 가능)	4/2 → 2
%/%	정수 나누기	위와 동일
%%	나머지 구하기	5%%4 → 1
^, **	승수 구하기	3^2 → 9, 3^3 → 27

4. 자연어 처리를 위한 KoNLP 패키지

- 문법 : extractNoun(분석할 문장이나 변수)
- 사용예 :

> v1 ← ("대한민국은 행복한 나라입니다.")

> v1
[1] "대한민국은 행복한 나라입니다."

> extractNoun(v1)
[1] "대한" "민국" "행복" "한" "나라"

5. 데이터 시각화를 위한 워드클라우드

wordcloud(words,freq,scale=c(4,.5),min.freq=3,max.words=Inf,random.order=TRUE,
random.color=FALSE,rot.per=.1,colors="black",ordered.colors=FALSE,
use.r.layout=FALSE,fixed.asp=TRUE, …)

- words : 출력할 단어들이나 단어들이 들어가 있는 변수이름
- freq : 언급된 횟수
- scale : 가장 많이 언급된 글자와 적게 언급된 글자의 크기 비율
- min.freq : 최소 언급 횟수 지정 - 이 값 이상 언급된 단어만 출력
- max.words : 최대 언급 횟수 지정. 이 값 이상 언급되면 삭제
- random.order : 출력되는 순서를 임의로 지정
- random.color : 글자 색상을 임의로 지정
- rot.per : 단어 배치를 90° 각도로 출력
- colors : 출력될 단어들의 색상을 지정한다.
- ordered.colors : 이 값을 true로 지정할 경우 각 글자별로 색상을 순서대로 지정할 수 있다.
- use.r.layout : 이 값을 false로 할 경우 R에서 c++ 코드를 사용할 수 있다.

02 민원 데이터 분석 실습

1. 민원 데이터 수집 후 데이터 분석

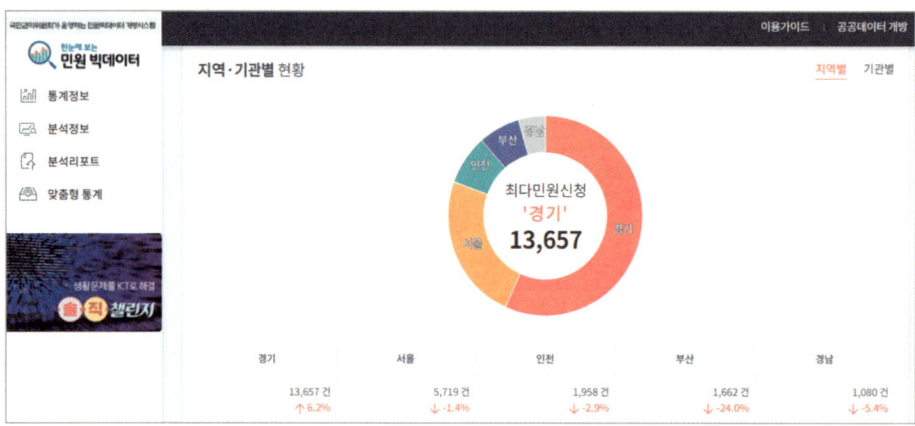

▲ 이미지출처 : https://bigdata.epeople.go.kr/

실습 소스

(1) setwd("c:/R")
(2) install.packages("KoNLP")
(3) install.packages("wordcloud")
(4) library(KoNLP)
(5) library(wordcloud)
(6) data1 <- readLines("민원데이터.txt")
(7) data1
(8) data2 <- sapply(data1,extractNoun,USE.NAMES=F)
(9) data2
(10) data3 <- unlist(data2)
(11) data3 <- Filter(function(x) {nchar(x) >= 2} ,data3)
(12) data3
(13) write(unlist(data3),"민원데이터_2.txt")
(14) data4 <- read.table("민원데이터_2.txt")
(15) wordcount <- table(data4)
(16) head(sort(wordcount, decreasing=T),20)
(17) library(RColorBrewer)
(18) palete <- brewer.pal(9,"Set3")
(19) wordcloud(names(wordcount),freq=wordcount,scale=c(5,1),rot.per=0.25,min.freq=1, random.order=F,random.color=T,colors=palete)

결과물 불법 주정차에 대한 사례

03 자연어 처리

1. 자연어 처리란?

다음과 같이 SNS에서 만들어진 문장을 한국어 문법에 맞게 가공 및 정제 하는 것을 말한다.

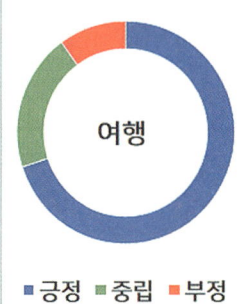

2. 정보 분석이란?

추출된 단어를 기반으로 빈도, 분류, 군집화, 추천 시스템

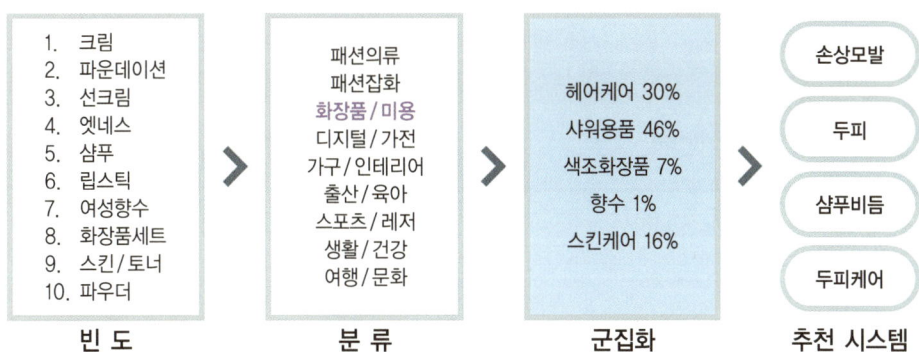

3. 텍스트 데이터 구조

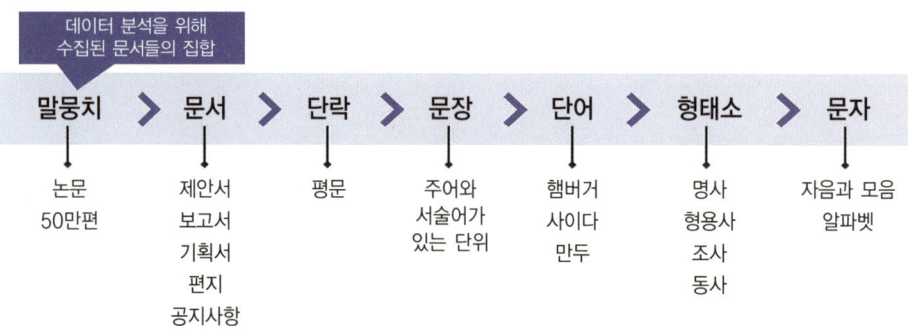

4. 자연어 처리를 위한 형태소 분석 패키지(KoNLP)

KoNLP(Korean Natural Language Process)의 약자로 자연어 처리를 통해 형태소를 분석해 주는 패키지

```
> install.packages("KoNLP")
> library(KoNLP)
Checking user defined dictionary!

> useSejongDic()
Backup was just finished!
370957 words dictionary was built.

> useNIADic()
Backup was just finished!
983012 words dictionary was built.
```

5. SimplePos09

품사를 9개로 구분하고, SimplePos22는 22개로 구분한다.

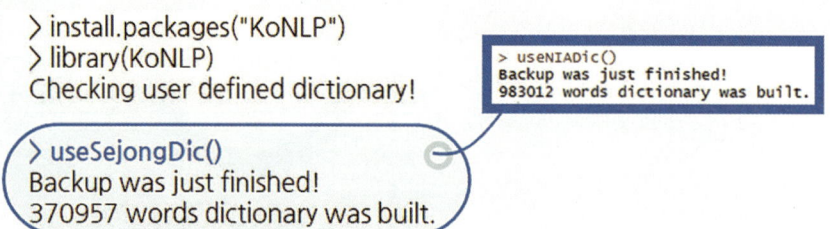

```
> SimplePos22(txt)
$햇살이
[1] "햇살/NC+이/JC"
$좋은
[1] "좋/PA+은/ET"
$창가에
[1] "창가/NC+에/JC"
$장미꽃을
[1] "장미꽃/NC+을/JC"
$놓아두었더니
[1] "놓/PX+아/EC+두/PX+었/EP+더니/EC"
$바람이
[1] "바람/NC+이/JC"
$속삭이고
[1] "속삭이/PV+고/EC"
$꽃잎이
[1] "꽃잎/NC+이/JC"
$노래한다
[1] "노랗/PA+아/EC+하/PX+ㄴ다/EF"
$.
[1] "./SF"
```

6 ▶ 꼬꼬마 한글 형태소 품사(Part Of Speech) 태그표

대분류	세종 품사 태그		심광섭 품사 태그		KKMA 단일 태그 V1.0				저장 사전
	태그	설명	Class	설명	묶음1	묶음2	태그	설명	확률 태그	
체언	NNG	일반 명사	NN	명사	N	NN	NNG	보통 명사	NNA	noun.Dic
	NNP	고유 명사	NX	의존 명사			NNP	고유 명사		
	NNB	의존 명사	UM	단위 명사			NNB	일반 의존 명사	NNB	simple.Dic
	NR	수사	NU	수사		NR	NNM	단위 의존 명사	NR	
	NP	대명사	NP	대명사		NP	NR	수사	NP	
					V	VV	NP	대명사	VV	verb.dic
							VV	동사		

대분류	세종 품사 태그		심광섭 품사 태그		KKMA 단일 태그 V1.0				저장 사전
	태그	설명	Class	설명	묶음1	묶음2	태그	설명	확률 태그	
용언	VV	동사	V	동사	V	VA	VA	형용사	VA	verb.dic
	VA	형용사	AJ	형용사		VX	VXV	보조 동사	VX	
	VX	보조 용언	VX	보조 동사			VXA	보조 형용사		
	VCP	긍정 지정사	AX	보조 형용사		VC	VCP	긍정 지정사, 서술격 조사 '이다'	VCP	raw.dic
	VCN	부정 지정사	CP	서술격 조사 '이다'			VCN	부정 지정사, 형용사 '아니다'	VCN	

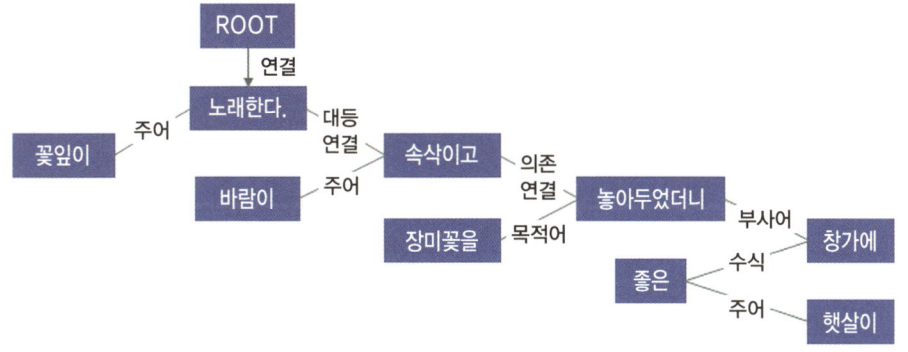

문장에 대한 주어, 목적어, 부사어 등을 그래프로 보여줌.

04 데이터 시각화

1 Plot( ) 함수 : 도표 그리는 함수

plot(y축 데이터, 옵션)
Plot(x축 데이터, y축 데이터, 옵션)

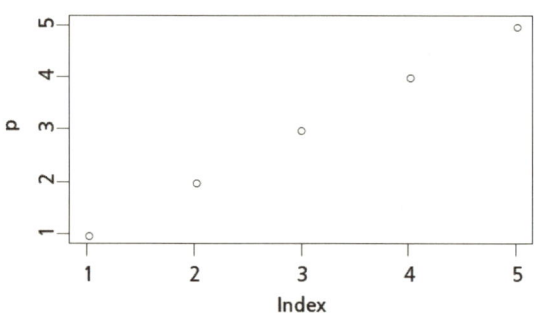

2 Plot 함수를 이용하여 선형 그래프 그리기

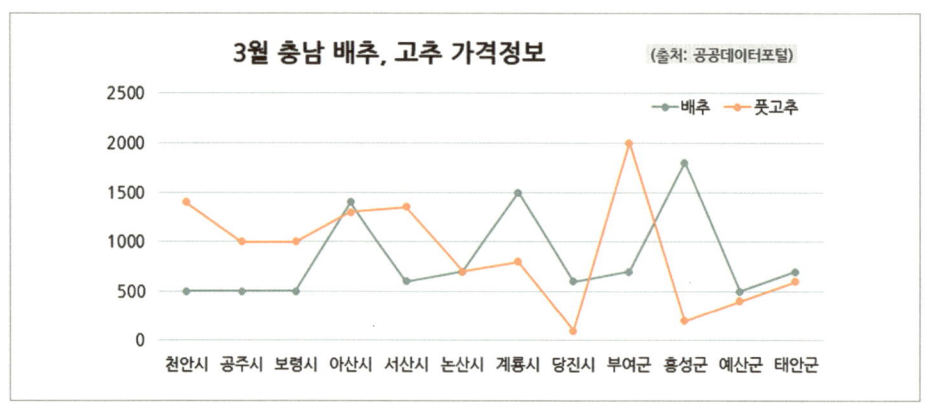

3 그래프에 사용되는 인수와 설명

인수	설명
main="메인 제목"	제목 설정합니다.
sub="서브 제목"	서브 제목을 설정합니다.
xlab="문자", ylab="문자"	x , y 축에 사용할 문자열을 지정합니다.
ann=F	x , y 축 제목을 지정하지 않습니다.
tmag=2	제목 등에 사용되는 문자의 확대율 지정합니다.
axes=F	x,y 축을 표시하지 않습니다.
axis	x,y 축을 사용자의 지정값으로 표시합니다.

그래프 타입선택	설명
type="p"	점 모양 그래프 (기본값)
type="l"	선 모양 그래프 (꺾은선 그래프)
type="b"	점과 선 모양 그래프
type="c"	"b" 에서 점을 생략한 모양
type="o"	점과 선을 중첩해서 그린 그래프
type="h"	각 점에서 x축 까지의 수직선 그래프
type="s"	왼쪽값을 기초로 계단모양으로 연결한 그래프
type="S"	오른쪽 값을 기초로 계단모양으로 연결한 그래프
type="n"	축 만 그리고 그래프는 그리지 않습니다.

선의 모양 선택	설명
lty=0, lty="blank"	투명선
lty=1, lty="solid"	실선
lty=2, lty="dashed"	대쉬선
lty=3, lty="dotted"	점선
lty=4, lty="dotdash"	점선과 대쉬선
lty=5, lty="longdash"	긴 대쉬선
lty=6, lty="twodash"	2개의 대쉬선

알통 [R을 활용하여 배우는 통계 기반 데이터 분석]

03 PART 영화 평점 데이터 분석

01 영화 평점 댓글 데이터 수집

1 ▶ https://movie.naver.com/에 접속한다.

2 ▶ 분석하고 싶은 영화의 평점으로 이동한다.

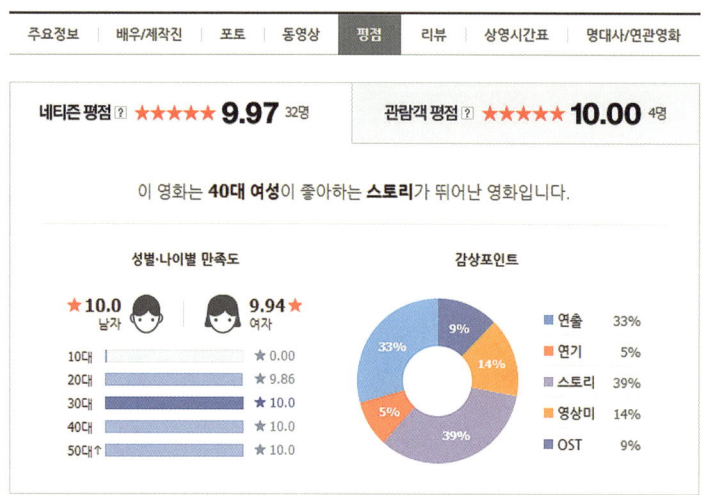

3 ▶ 영화 평점 리뷰에서 F12키를 누른다.

★★★★★ 10 모처럼 주변 지인들에게 추천하고 싶은 영화를 만났네요.특히 교육에 관심이 많은 학부모들에게 추천하고 싶어요.영화를 보는 내내 지금은 이미 성인이 되어버린 아이들을 키우던 지난날이 쉼없이 머리를 스쳐지나가더군요.미숙하...

4 ▶ 영화 평점에 대한 리뷰의 div 태그 클래스 score_result를 복사한다.

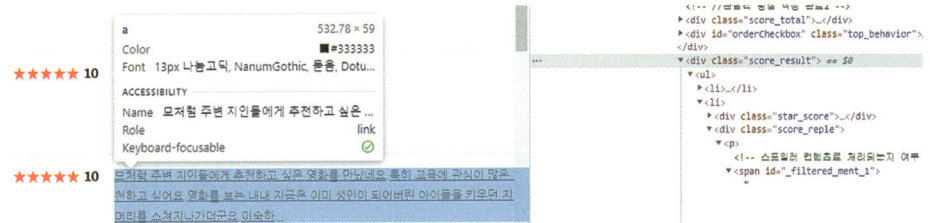

5 ▶ 영화 평점 페이지의 페이지 번호가 나오는 주소값 가져오기

영화 평점 사이트의 하단에 있는 페이지 번호에서 마우스 우측 버튼을 눌러 링크 주소를 복사한다. 아래의 주소와 같이 page 번호가 나오는 것을 볼 수 있다.

https://movie.naver.com/movie/bi/mi/pointWriteFormList.nhn?code=179520&type=after&isActualPointWriteExecute=false&isMileageSubscriptionAlready=false&isMileageSubscriptionReject=false&page=1

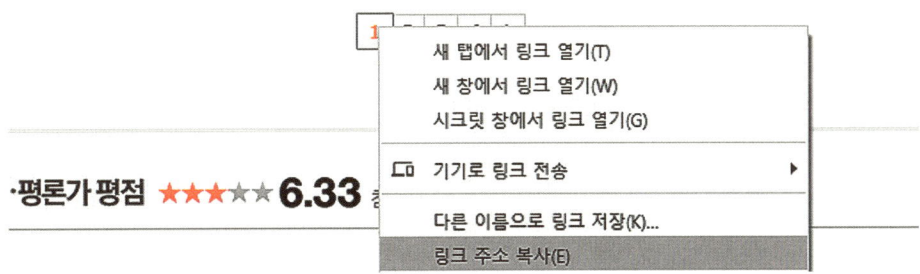

6 ▶ Rstudio에서 다음과 같이 데이터 수집 코드를 작성한다.

> 실습 소스

```
setwd("c:/Rtong")
# 데이터 수집
library(rvest)
library(httr)
library(stringr)
```

Part 03_ 영화 평점 데이터 분석 | 27

url=https://movie.naver.com/movie/bi/mi/pointWriteFormList.nhn?code=179520&type=after&isActualPointWriteExecute=false&isMileageSubscriptionAlready=false&isMileageSubscriptionReject=false&page='
url
allReview= c( ) #방을 만든다. 댓글 모아놓은 방.

```
for(page in 1:10){
    link = (page-1)*10+1
    urls = paste(url,link,sep="")
    htxt = read_html(urls) #html페이지를 저장하는 html함수
    comments = html_nodes(htxt,'div.score_result')
    reviews = html_text(comments)
    if(length(reviews)==0){break}

    allReview = c(allReview,reviews)
    print(link)
}

length(allReview)
allReview

write(allReview, "영화평점수집.txt")

write.csv(allReview, "영화평점수집.csv")
```

결과물

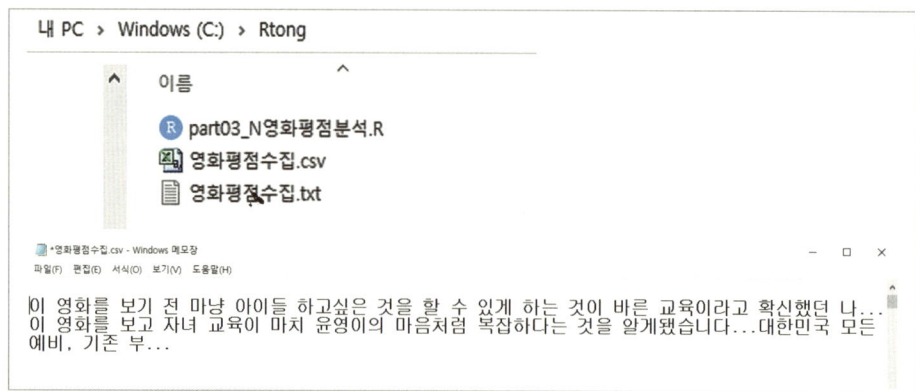

02 데이터 정제

1 아래의 코드를 실행하여 나온 데이터에서 불필요한 단어를 추출한다.

실습 소스

```
install.packages("wordcloud")
install.packages("RColorBrewer")
library(KoNLP)
library(wordcloud)
library(RColorBrewer)

data1 <- readLines("영화평점수집.txt")
data1
data2 <- sapply(data1,extractNoun,USE.NAMES=F)
data2data3 <- unlist(data2) # 비순차적으로 정렬합니다.
data3 <- Filter(function(x) {nchar(x) >= 2} ,data3)
data3
write(unlist(data3),"Moviescore2.txt")
data4 <- read.table("Moviescore2.txt")
wordcount <- table(data4) # 테이블 데이터의 개수를 변수에 할당합니다.
head(sort(wordcount, decreasing=T),20)
```

결과물

2020.	비공	11.	중간	영화	10
28	28	18	18	15	11
10.	13	19	관람	14	보노(leec****
10		10	10	9	9
소뿡이(dudd****	애니메이션	집중	22	교육	23
9	9	9	5	5	4
고민	감독				
4	3				

2 데이터를 정제할 단어들을 추출하기 위해 gsub 함수를 이용한다.

실습 소스

```
data3 <- unlist(data2) # 비순차적으로 정렬합니다.
movie_gsub <- str_replace_all(data3,"[^[:alpha:]]","") # ?---한글 , 영어 외는 삭제
```

```
gsub("\\d+", "", txt) #숫자제거
gsub("\\.", "", txt) #점(.) 제거
movie_gsub <- gsub(" ","", movie_gsub)
movie_gsub <- gsub("비공","", movie_gsub)
movie_gsub <- gsub("중간","", movie_gsub)
movie_gsub <- gsub("영화","", movie_gsub)
```

결과물

데이터 정제를 통해서 많은 불필요한 문자를 삭제한 후 결과물을 볼 수 있다.

```
> data4 <- read.table("Moviescore2.txt")
> wordcount <- table(data4) # 테이블 데이터의 개수를 변수에 할당합니다.
> head(sort(wordcount, decreasing=T),10)
data4
   관람 애니메이션      집중       교육       고민     감독     생각    아이들     엄마
     10         9          9          5          4        3        3         3        3
   기대
      2
```

03 데이터 분석

1. 데이터 분석 10위

실습 소스

```
# 데이터 분석
install.packages("wordcloud")
install.packages("RColorBrewer")
library(KoNLP)
library(wordcloud)
library(RColorBrewer)

data1 <- readLines("영화평점수집.txt")
data1
data2 <- sapply(data1,extractNoun,USE.NAMES=F)
data2

data3 <- unlist(data2) # 비순차적으로 정렬합니다.
movie_gsub <- str_replace_all(data3,"[^[:alpha:]]","") # ?---한글, 영어 외는 삭제
gsub("\\d+", "", movie_gsub) #숫자 제거
```

```
gsub("\\.", "", movie_gsub) #점(.) 제거
movie_gsub <- gsub(" ","", movie_gsub)
movie_gsub <- gsub("비공","", movie_gsub)
movie_gsub <- gsub("중간","", movie_gsub)
movie_gsub <- gsub("영화","", movie_gsub)

movie_gsub <- Filter(function(x) {nchar(x) >= 2} ,movie_gsub)
movie_gsub
write(unlist(movie_gsub),"Moviescore2.txt")
data4 <- read.table("Moviescore2.txt")
wordcount <- table(data4) # 테이블 데이터의 개수를 변수에 할당합니다.
head(sort(wordcount, decreasing=T),10)
```

결과물

영화에서 나오는 댓글의 이야기들을 분석하면 사람들의 감동 포인트를 알 수 있다.

애니메이션	집중	교육	고민	감독	생각	아이들	엄마	기대
9	9	5	4	3	3	3	3	2
마음								
2								

2. 워드클라우드 시각화

실습 소스

palete <- brewer.pal(9,"Set3")

wordcloud(names(wordcount),freq=wordcount,scale=c(5,1),rot.per=0.25,min.freq=1,random.order=F,random.color=T,colors=palete)

04 데이터 시각화

1 ▶ pie 그래프 시각화

실습 소스

#추천수가 많은 상위 10개를 골라서 pie 그래프를 그리기

top10 <- head(sort(wordcount, decreasing=T),10)
pie(top10,main="영화평점댓글 TOP 10")
pie(top10,col=rainbow(10),radius=1,main="영화평점댓글 TOP 10")

pct <- round(top10/sum(top10) * 100 ,1)
names(top10)

lab <- paste(names(top10),"\n",pct,"%")
pie(top10,main="영화평점댓글 TOP 10",col=rainbow(10), cex=0.8,labels = lab)

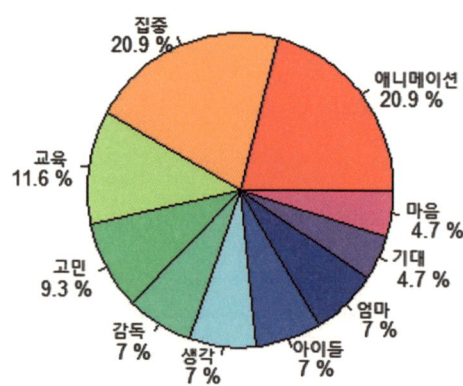

2 ▶ bar 그래프 데이터 시각화

실습 소스

bp <- barplot(bchart, main = "영화평점댓글 TOP 10", col = rainbow(10),
    cex.names=0.7, las = 2,ylim=c(0,15))

bp <- barplot(bchart, main = "영화평점댓글 TOP 10", col = rainbow(10),

pct <- round(bchart/sum(bchart) * 100 ,1)
pct

text(x = bp, y = bchart*1.05, labels = paste("(",pct,"%",")"), col = "black", cex = 0.7)
text(x = bp, y = bchart*0.95, labels = paste(bchart,"건"), col = "black", cex = 0.7)

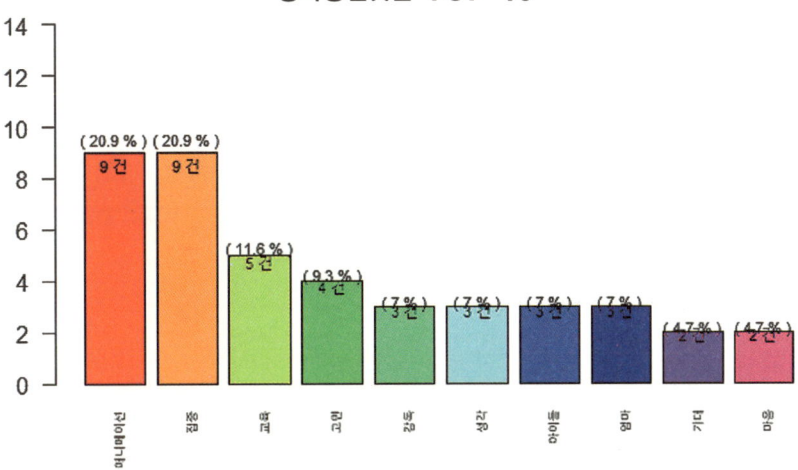

04 PART 감성 분석 (긍정, 부정 분석)

01 뉴스 댓글 수집

1 ▶ 헤럴드 경제 뉴스 데이터 수집

> 헤럴드경제 ✓PiCK
> '작은' 아이폰12 vs '큰' 아이폰12…뭐가 더 잘 팔릴까? [IT선빵!]

2 ▶ 댓글 10개만 수집

가격대가 높은 게 흠이지만 디자인은 참 이쁘네요 2020.11.20. 08:46
답글0 공감/비공감 공감9 비공감1

옵션 열기
아이폰 가격이 다르네요. 수정하시는게 좋을 것 같아요. 2020.11.20. 09:46
답글0 공감/비공감 공감1 비공감0

옵션 열기
프로 맥스 가격 틀린거 같은데? 2020.11.20. 11:01
답글0 공감/비공감 공감0 비공감0

옵션 열기
미니 무게가 133그램이라서 사람들 많이 살것 같다. 터치이슈 해결됐고 배터리가 문제지만 2020.11.20. 09:53
답글0 공감/비공감 공감0 비공감0

옵션 열기
맥스-프로-미니 순으로 좋음. 맥스가 프로보다 카메라 살짝 더 좋음. 2020.11.20. 09:19
답글0 공감/비공감 공감0 비공감0

옵션 열기
헤럴드경제 너넨 그냥 아이폰 언급하지마 불결하다 가서 삼성폰이나 팔아라 2020.11.20. 09:18
답글1 공감/비공감 공감6 비공감7

옵션 열기
아 작은 폰 다시는 안나올 줄 알고 SE1에서 SE2로 바꿨는데 작은폰이 나올줄이야
ㅠㅠ 좀만 더 기다릴걸 2020.11.20. 09:36
답글1 공감/비공감 공감1 비공감2

옵션 열기
이어폰잭이나 다시 뚫어줘라 2020.11.20. 10:44
답글0 공감/비공감 공감0 비공감1

옵션 열기
미니 써본 사람은 알겠지만 한손에 착~ 감기는게 캬~ 2020.11.20. 10:15
답글0 공감/비공감 공감0 비공감1

옵션 열기
갤럭시도 저런 사이즈 나왔으면... 여자들이 들고 다니기엔 요즘 폰들 갈수록 넘 크다.

02 긍정 사전 및 부정 사전 만들기

1 긍정 사전(KposDic.txt)

예쁘네요, 좋음

2 부정 사전(KnegDic.txt)

흠, 문제, 불결하다, 뚫어줘라

3 긍정 부정 사전 실습

```
# ― 긍정 단어와 부정 단어를 카운터하여 긍정/부정 형태로 빈도 분석
#   neg.txt : 부정어 사전
#   pos.txt : 긍정어 사전
```

❶ 긍정어/부정어 영어 사전 가져오기

setwd("c:/Rtong")
install.packages("rvest")
library(rvest) • html_text( ) : 텍스트를 추출함.

```
iphonetext = readLines("part04_아이폰댓글수집.txt")
iphonetext = repair_encoding(iphonetext)
iphonetext

KposDic = readLines("KposDic.txt")
KnegDic = readLines("KnegDic.txt")

KnegDic
KnegDic = repair_encoding(KnegDic)
KposDic = repair_encoding(KposDic)

length(KposDic)                                      # 2
length(KnegDic)                                      # 4
```

❷ 긍정어/부정어 단어 추가

```
KposDic.final =c(KposDic, 'test')
KnegDic.final =c(KnegDic, '별로인듯', '엉터리', '불편해')
```

❸ 마지막에 단어 추가

```
tail(KposDic.final)
tail(KnegDic.final)
```

03 감성 분석 알고리즘 살펴보기

1 감성 분석 실습 소스

```
install.packages("plyr")
install.packages("stringr")

library(plyr)
library(stringr)                      # str_split( )함수 제공
install.packages("sos")

library("sos")
findFn("laply")

#감성분석을 위한 함수 정의
```

```
sentimental = function(sentences, KposDic, KnegDic){
scores = laply(sentences, function(sentence, KposDic, KnegDic) {
sentence = gsub('[[:punct:]]', '', sentence) # 문장부호 제거
sentence = gsub('[[:cntrl:]]', '', sentence) # 특수문자 제거
sentence = gsub('\\d+', '', sentence) # 숫자 제거
sentence = tolower(sentence) # 모두 소문자로 변경
word.list = str_split(sentence, '\\s+') # 공백 기준으로 단어 생성

words = unlist(word.list) # unlist( ) : list를 vector 객체로 구조변경
 # words의 단어를 KposDic에서 matching
pos.matches = match(words, KposDic)
neg.matches = match(words, KnegDic)
pos.matches = !is.na(pos.matches) # NA 제거, 위치(숫자)만 추출
neg.matches = !is.na(neg.matches)
score = sum(pos.matches) - sum(neg.matches) # 긍정 - 부정
return(score)
 }, KposDic, KnegDic)
 scores.df = data.frame(score=scores, text=sentences)
 return(scores.df)
}

# 감성 분석 : 두번째 변수(review) 전체 레코드 대상 감성분석
result=sentimental(a$message, KposDic.final, KnegDic.final)
result
names(result)                           # "score" "text"

dim(result)
result$text
result$score
```

```
> result$score
 [1]  0  0  0  0  2 -1  0 -1  0  0
```

04 데이터 시각화

 감성 분석 결과 차트 보기

```
# score값을 대상으로 color 칼럼 추가
result$color[result$score >=1] = "blue"
result$color[result$score ==0] = "green"
result$color[result$score < 0] = "red"
plot(result$score, col=result$color) # 산포도 색생 적용
barplot(result$score, col=result$color, main ="감성분석 결과화면")
# 막대차트
```

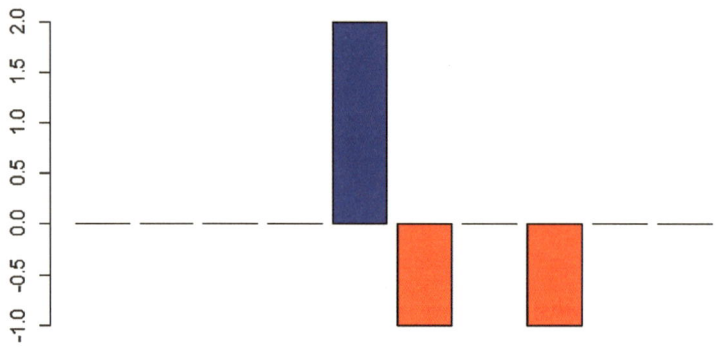

```
# 단어의 긍정/부정 분석
# 감성분석 빈도수

table(result$color)
# score 칼럼 리코딩

result$remark[result$score >=1] = "긍정"
result$remark[result$score ==0] = "중립"
result$remark[result$score < 0] = "부정"

sentiment_result= table(result$remark)
sentiment_result
# 제목, 색상, 원크기
```

```
pie(sentiment_result, main="감성분석 결과",
    col=c("blue","red","green"), radius=0.9)
```

- 해설 : 중립에 대한 결과가 긍정에 미칠 수 있는지 부정에 미칠 수 있는지에 대한 영향력을 조사하면 좀 더 긍정과 부정 비율을 예측하는데 도움이 될 것이다.

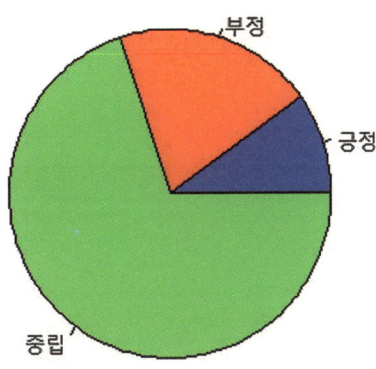

알통 [R을 활용하여 배우는 통계 기반 데이터 분석]

05 PART 공공 데이터 수집 분석

01 육군 신체 치수 데이터 수집

1 ▶ data.go.kr에 접속 후 '육군 신체측정정보'에 대해 검색한다.

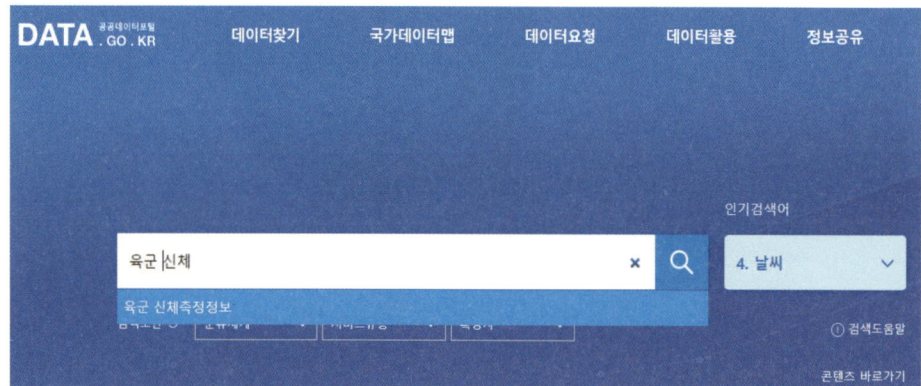

2 ▶ 바로가기를 눌러 데이터를 수집한다.

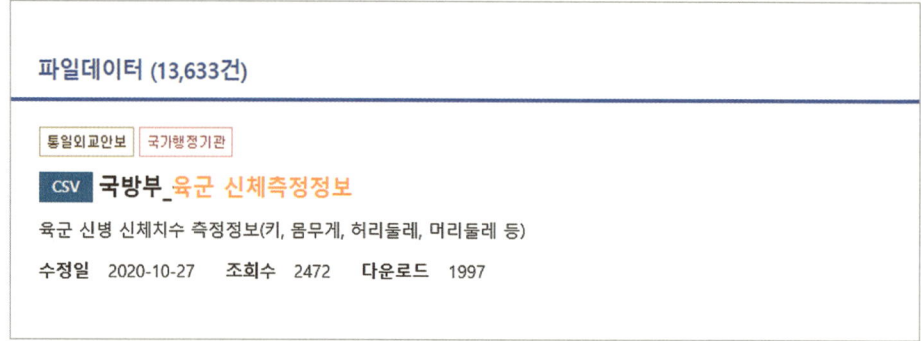

3 다음과 같이 육군 신체측정정보 데이터가 나오면 csv 파일을 눌러 저장한다.

4 만약 파일 다운이 안될 경우 storyjoa.com에 접속하여 '육군 신체측정정보' 검색하여 다운 받을 수 있습니다.

링크주소 :

http://www.storyjoa.com/monster/bbs/board.php?bo_table=bigdata&wr_id=112

02 정형 데이터 그래프 시각화

1 육군 신체치수 그래프 분석

실습 소스

setwd("c:/Rtong")

military = read.csv("육군 신체측정 데이터(수시 업데이터).csv",header=T)
head(military,30)

military$키

plot(military$키, military$몸무게,main="육군신체치수",data = military,pch=22,las=1,xlab="키",ylab="몸무게")

```
points(military$키,military$몸무게, cex = .2, col = "dark blue")

f = lm(military$몸무게 ~ do$키)

abline(f,col="red")
summary(f)
```

결과물

통계량에 따라 키가 클수록 몸무게가 높게 나간다는 결론을 얻을 수 있다.

```
> summary(f)

Call:
lm(formula = military$몸무게 ~ military$키)

Residuals:
    Min      1Q  Median      3Q     Max
-26.391  -8.940  -1.786   6.940  50.253

Coefficients:
             Estimate Std. Error t value Pr(>|t|)
(Intercept) -91.79603    6.13366  -14.97   <2e-16 ***
military$키   0.93209    0.03506   26.59   <2e-16 ***
---
Signif. codes:  0 '***' 0.001 '**' 0.01 '*' 0.05 '.' 0.1 ' ' 1

Residual standard error: 12.21 on 4086 degrees of freedom
Multiple R-squared:  0.1475,    Adjusted R-squared:  0.1473
F-statistic:   707 on 1 and 4086 DF,  p-value: < 2.2e-16
```

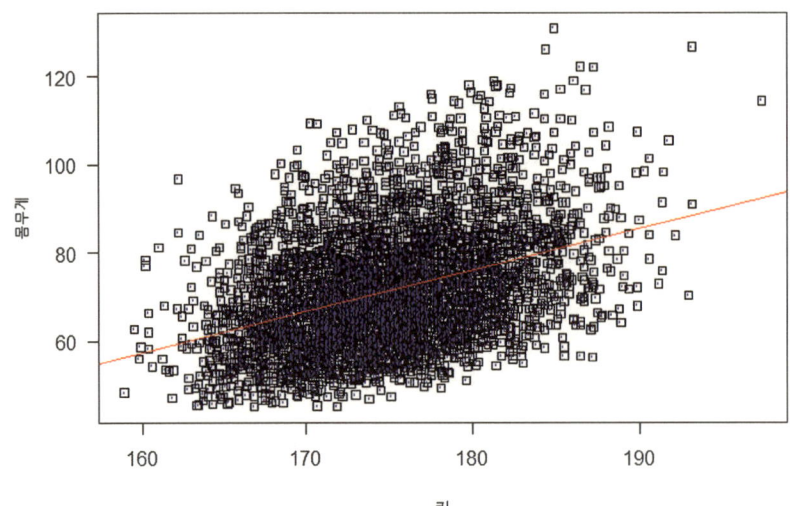

육군 신체 치수

03 서버를 이용한 그래프 시각화

1 데이터 시각화란?

지식 정보 사회에 필요한 데이터 분석 결과를 누구나 쉽게 이해할 수 있도록 의미있는 형태의 이미지나 그래프로 표현하는 것을 말한다.

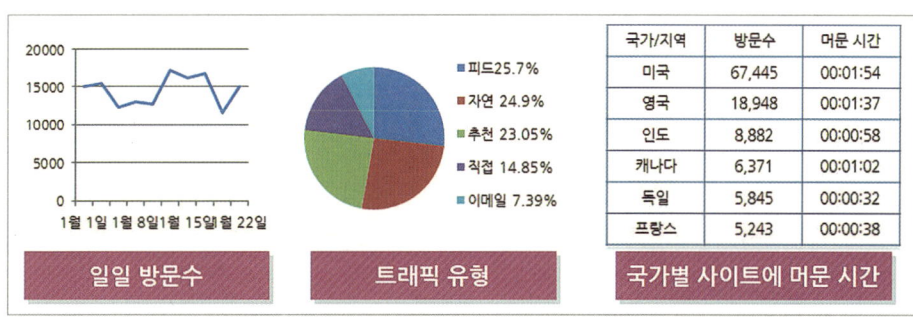

2 데이터 시각화 분석 툴(D3js)

자바스크립트 라이브러리를 이용한 시각화 툴 서비스

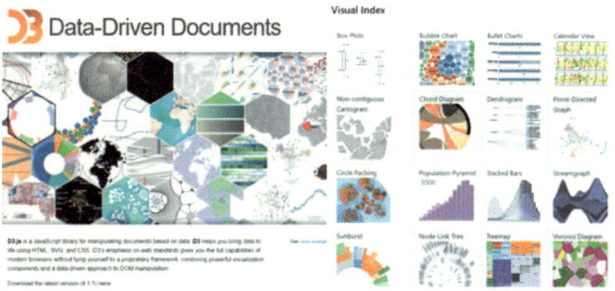

3 D3js를 실행하기 위한 서버구성

❶ xampp 설치(https://www.apachefriends.org/index.html)

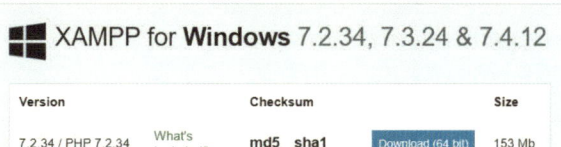

❷ xampp 설치 후 웹서버 디렉토리 C:\xampp\htdocs

- anonymous
- apache
- cgi-bin
- contrib
- FileZillaFTP
- **htdocs**
- img

4 충돌감지 데이터 시각화

자료출처 및 풀소스 다운로드 : https://observablehq.com/@d3/collision-detection/2

실습 소스

```
chart = {
  const context = DOM.context2d(width, height);
  const nodes = data.map(Object.create);

  const simulation = d3.forceSimulation(nodes)
      .alphaTarget(0.3) // stay hot
      .velocityDecay(0.1) // low friction
      .force("x", d3.forceX().strength(0.01))
      .force("y", d3.forceY().strength(0.01))
      .force("collide", d3.forceCollide().radius(d => d.r + 1).iterations(3))
      .force("charge", d3.forceManyBody().strength((d, i) => i ? 0 : -width * 2 / 3))
      .on("tick", ticked);

  d3.select(context.canvas)
      .on("touchmove", event => event.preventDefault())
      .on("pointermove", pointed);

  invalidation.then(() => simulation.stop());

  function pointed(event) {
      const [x, y] = d3.pointer(event);
      nodes[0].fx = x - width / 2;
      nodes[0].fy = y - height / 2;
  }
```

```
function ticked( ) {
    context.clearRect(0, 0, width, height);
    context.save( );
    context.translate(width / 2, height / 2);
    for (const d of nodes) {
      context.beginPath( );
      context.moveTo(d.x + d.r, d.y);
      context.arc(d.x, d.y, d.r, 0, 2 * Math.PI);
      context.fillStyle = color(d.group);
      context.fill( );
    }
    context.restore( );
  }

  return context.canvas;
}
```

결과물
데이터의 속성들을 색상과 크기로 표현하고 충돌을 감지하는 그래프를 만들 수 있다.

PART 06 트위터 데이터 수집 분석

01 트위터 API 등록하기

1 소셜미디어 측정 방법

- 포스트의 수 – 브랜드에 대해 고객이 일으킨 버즈 (입소문, 이야기)
- 광고 노출 횟수로 파악된 버즈의 양
- 시간의 흐름으로 살펴본 버즈의 변화(월별 비행기 이용객 수)
- 경쟁사의 버즈
- 버즈의 계절요인 변동
- 하루/일정한 시간대의 버즈
- 소셜미디어별 버즈(포럼, 소셜 네트워크, 블로그, 트위터) 버즈의 영향력 평가
- 주류 언론에 언급된 내용

- 팬 수
- 팔로워 수
- 친구 수
- 팬, 팔로워, 친구 수의 증가율
- 전염성/전달 속도
- 유튜브 동영상 댓글 수
- 선호도/인기도
- 검색 순위
- 참여하는 고객의 지역 분포

2 트위터 API란?

- 트위터와 관련된 서비스를 만들기 위해 서비스 프로바이더(트위터)에서 제공해주는 애플리케이션 프로그램 인터페이스를 트위터 API라 한다.
- 서비스 프로바이더(트위터)의 API를 사용하는 쪽을 '컨슈머'라고 한다.
- 사용자는 컨슈머가 만든 서비스를 이용하는 사람들이다.
- 컨슈머는 애플리케이션을 만들기 위해 컨슈머 키와 시크릿을 발급 받는다.

3 트위터 API 인증 받기

❶ https://apps.twitter.com/에 접속한다.
❷ Create New App 버튼을 누른다.

❸ Create an application에 내용을 등록한다.

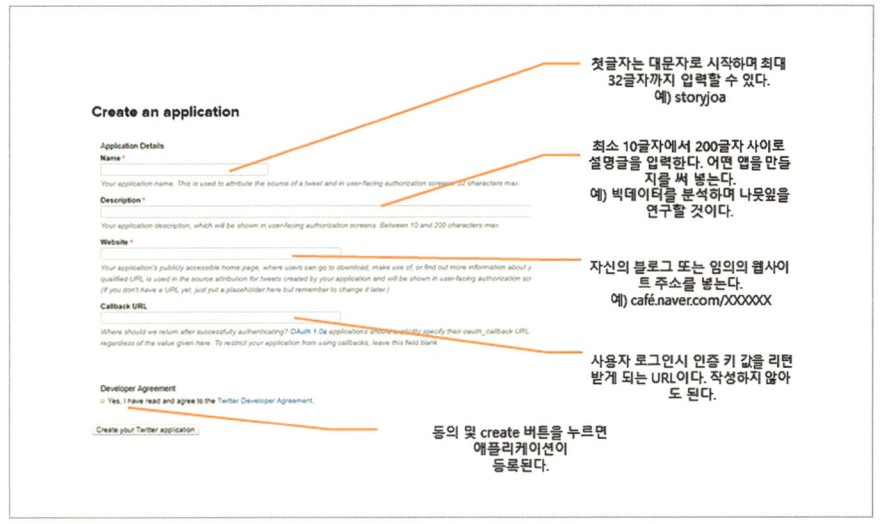

❹ APPlication Settings (애플리케이션 셋팅)

컨슈머 키(Consumer key)와 컨슈머 시크릿(Consumer secret) 키를 받는다.
트위터 애플리케이션을 만들기 위한 고유 키값이므로 공유하지 않는다.

• Access Token 키 받기

액세스 토큰(Access Token) 키는 자신의 계정을 대신하여 API 요청을 하는데 사용된다.
액세스 토큰 비밀 키(Access Token Secret) 또한 다른 사람과 공유해서는 안된다.

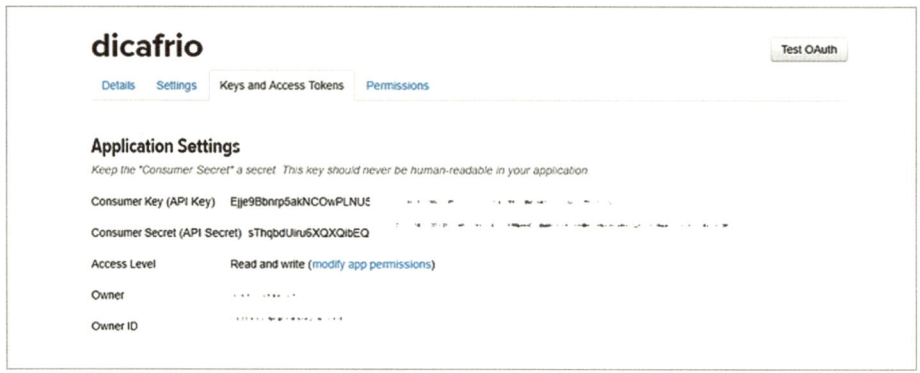

02 트위터 데이터 수집

1 ▶ R 스튜디오를 실행한다.

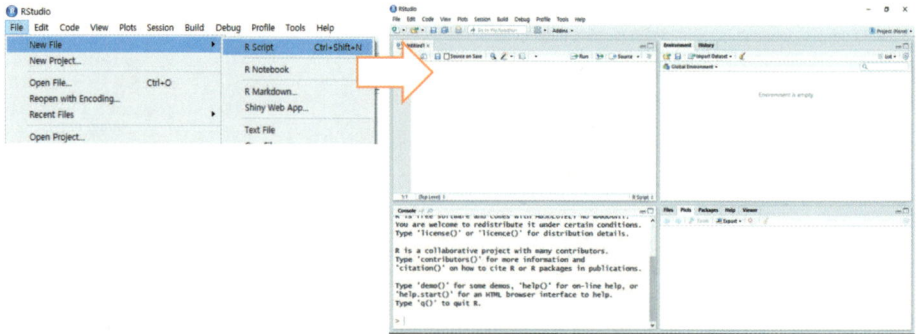

2 ▶ 트위터 분석을 위한 패키지 설치

'twitteR', 'base64enc', 'ROAuth' 의 패키지를 설치하여야 트위터에서 인증 받은 API 키를 활용하여 데이터를 분석할 수 있다.

실습 소스

twr <- c('twitteR', 'base64enc', 'ROAuth')
install.packages(twr, dependencies = T)
library(twitteR)
library(base64enc)

library(ROAuth)

twr <- c('twitteR', 'base64enc', 'ROAuth')
install.packages(twr, dependencies = T)

library(twitteR)
library(base64enc)
library(ROAuth)

실행화면

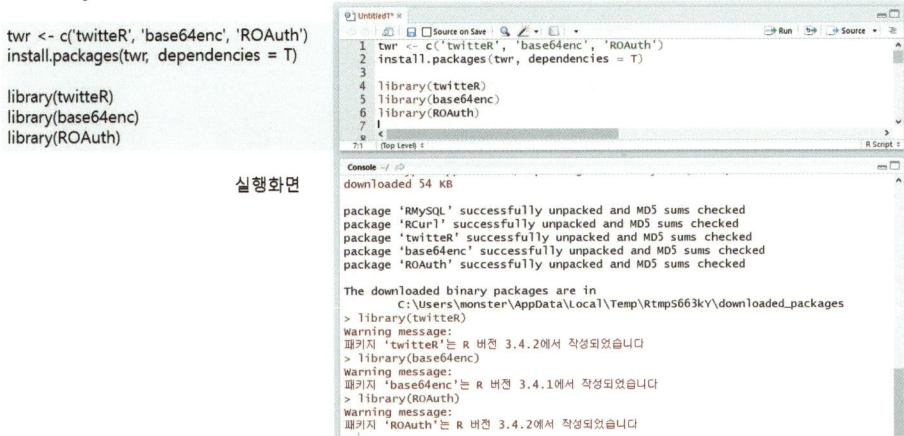

3 ▶ 트위터 인증키 입력하기

options(httr_oauth_cache = T)
setup_twitter_oauth(consumer_key = '이곳에 컨슈머 키값을 넣어주세요~',
    consumer_secret = '이곳에 컨슈머 시크릿 키값을 넣어주세요~',
    access_token = = '이곳에 엑세스 토큰 키값을 넣어주세요~',
    access_secret = '이곳에 엑세스 비밀 키값을 넣어주세요~',)
    #인증이 잘 되었는지 확인

getCurRateLimitInfo( )

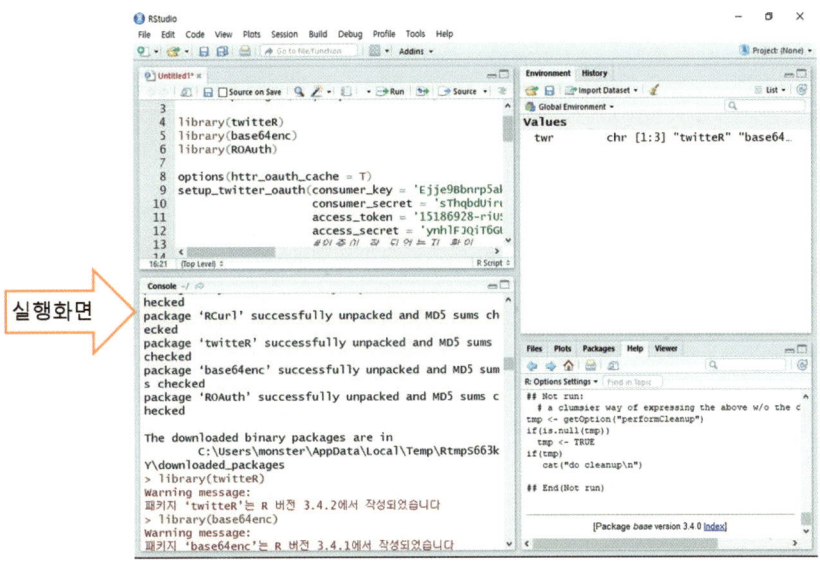

실행화면

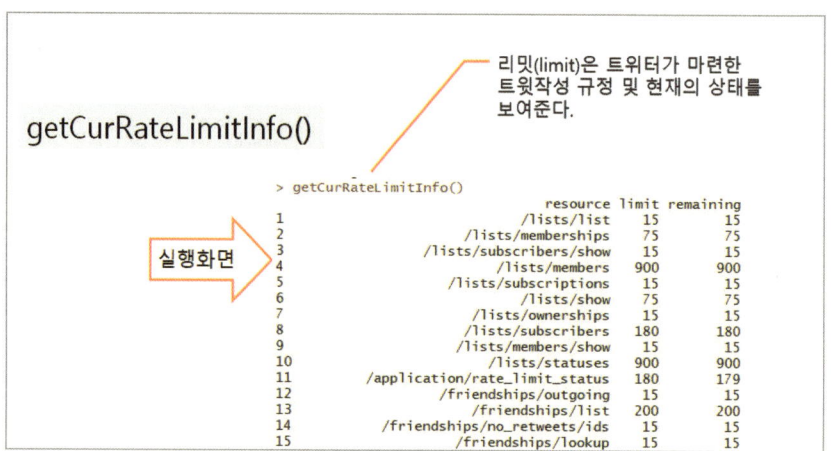

4 ▶ 트위터에서 '믹서기' 관련 데이터 수집하기

실습 소스

string <- '믹서기'
        string <- iconv(string, 'CP949', 'UTF8')
        tweets <- searchTwitter(searchString = string, n = 50, lang="ko", retryOnRateLimit = 10000)
        tweets
        text_extracted <- sapply(tweets, function(t) t$getText())
        text_extracted

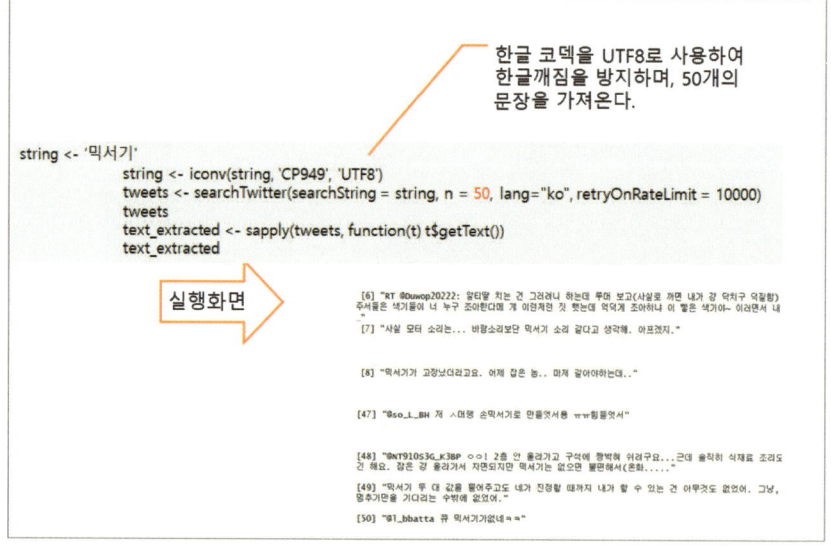

5 ▶ 데이터 중복 방지 코드 unique( )

실습 소스

겹치는 것을 없애고 싶다면
text_extracted <- unique(text_extracted)

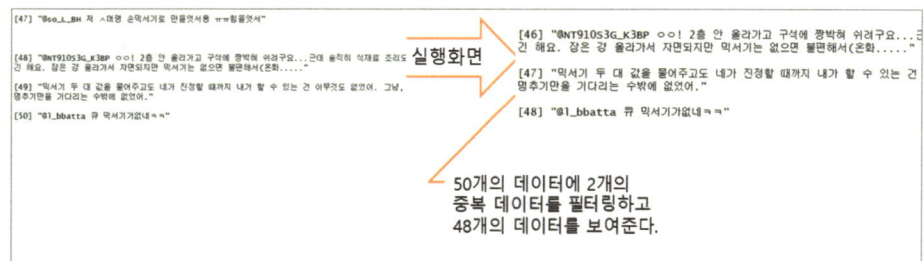

6 ▶ 데이터 분석 저장하기

실습 소스

text_extracted
setwd("c:/R")
write(text_extracted,"트위터믹서기.txt")

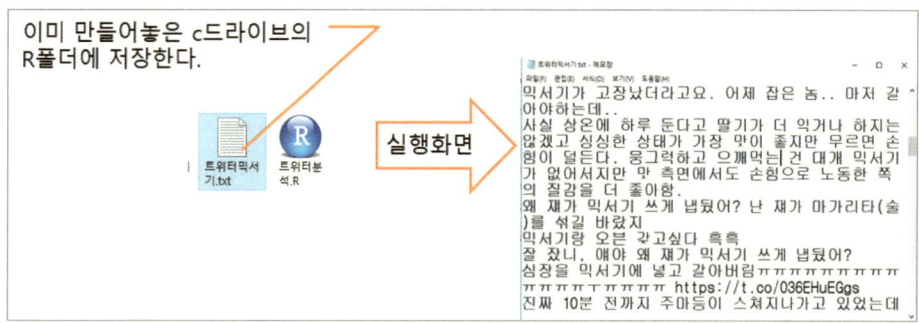

03 트위터 데이터 분석

1 ▶ 트위터 수집된 데이터 분석하기

실습 소스

install.packages("koNLP") #한글 형태소 분석 패키지
install.packages("wordcloud") #구름모양 시각화 패키지

```
library(KoNLP) #패키지 로딩
library(wordcloud) # 같음
useSejongDic()
setwd("c:/R") #작업디렉토리 설정
twitterdata1 = readLines("트위터믹서기.txt") # 텍스트 불러내는 함수
twitterdata1
twitterdata2 = sapply(twitterdata1,extractNoun,USE.NAMES = F)
twitterdata2
twitterdata3 = unlist(twitterdata2)
twitterdata3
twitterdata3 = Filter(function(x){nchar(x) >=2},twitterdata3)
twitterdata3
write(unlist(twitterdata3),"트위터믹서기분석.txt") #데이터를 저장하는 함수
```

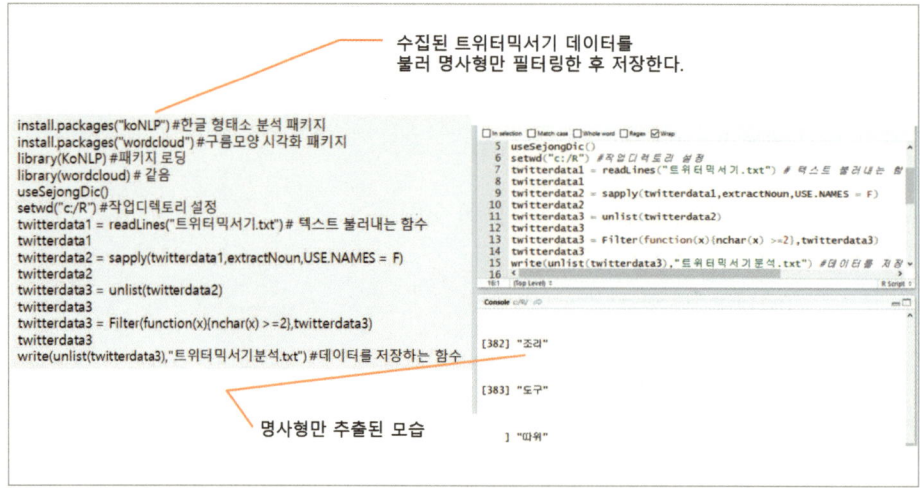

04 데이터 시각화

 분류된 데이터 시각화

```
twitterdata4 = read.table("트위터믹서기분석.txt") #공백 제거 후 테이블 형식으로
데이터 부름
twitterdata4
```

```
wordcount = table(twitterdata4) # 중복 단어 카운트하는 함수 table
wordcount
head(wordcount)
head(sort(wordcount,decreasing=T),10)
library(RColorBrewer)
pal = brewer.pal(8,"Dark2")
display.brewer.all( )
wordcloud(names(wordcount),freq=wordcount,
       scale=c(4,1),rot.per = 0.25,min.freq = 1,
       random.order = F,random.color = T,colors=pal)
```

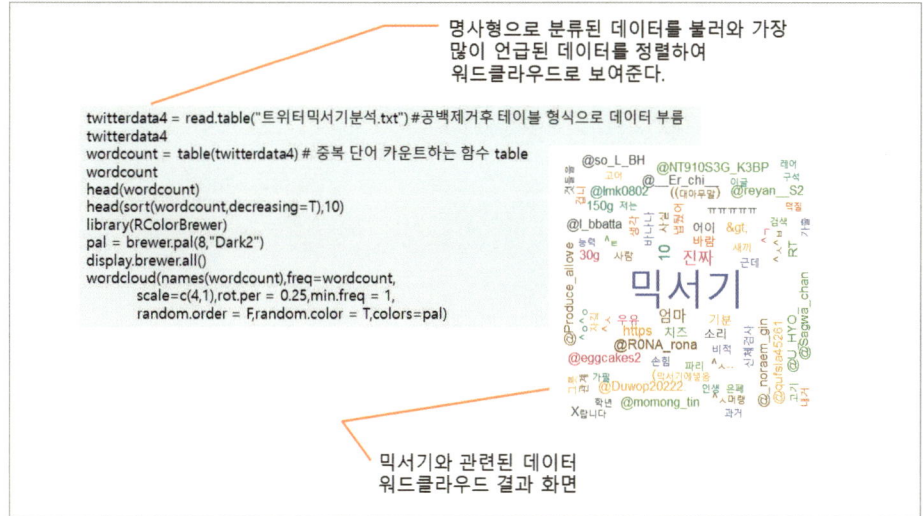

2 데이터 해석

데이터 정제 후 해석할 때 의미 있는 단어를 추출하기 위한 사회심리학적 접근 방법과 전문가가 필요하다.

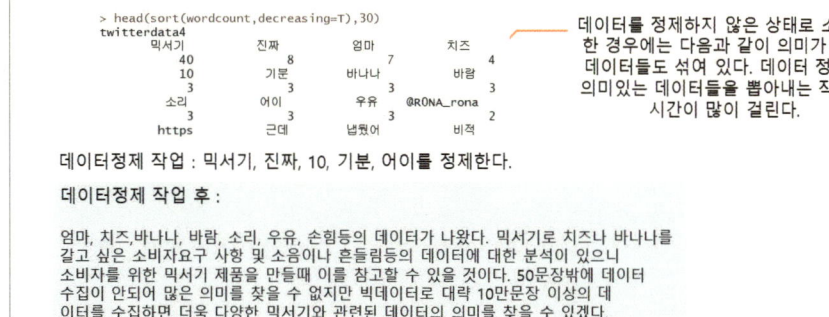

데이터 정제 작업 후 :

엄마, 치즈, 바나나, 바람, 소리, 우유, 손힘 등의 데이터가 나왔다. 믹서기로 치즈나 바나나를 갈고 싶은 소비자요구 사항 및 소음이나 흔들림 등의 데이터에 대한 분석이 있으니 소비자를 위한 믹서기 제품을 만들때 이를 참고할 수 있을 것이다. 50문장 밖에 데이터 수집이 안되어 많은 의미를 찾을 수 없지만 빅데이터로 대략 10만문장 이상의 데이터를 수집하면 더욱 다양한 믹서기와 관련된 데이터의 의미를 찾을 수 있겠다.

알통 [R을 활용하여 배우는 통계 기반 데이터 분석]

07 PART 가설 설정

01 통계기반 분석 모델

1 통계적 데이터 분석 방법

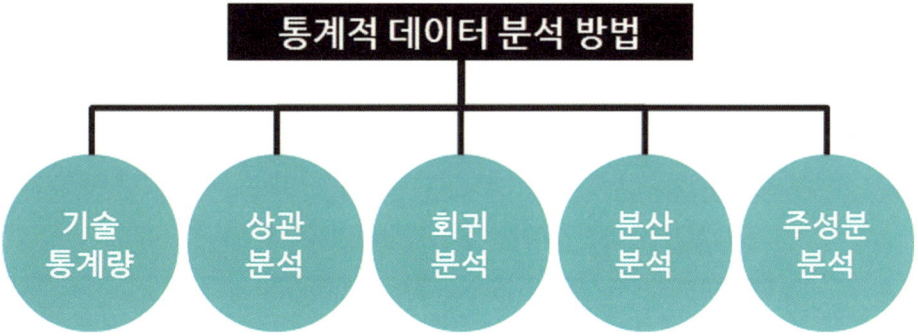

2 빅데이터 분석 모델 기법 분류

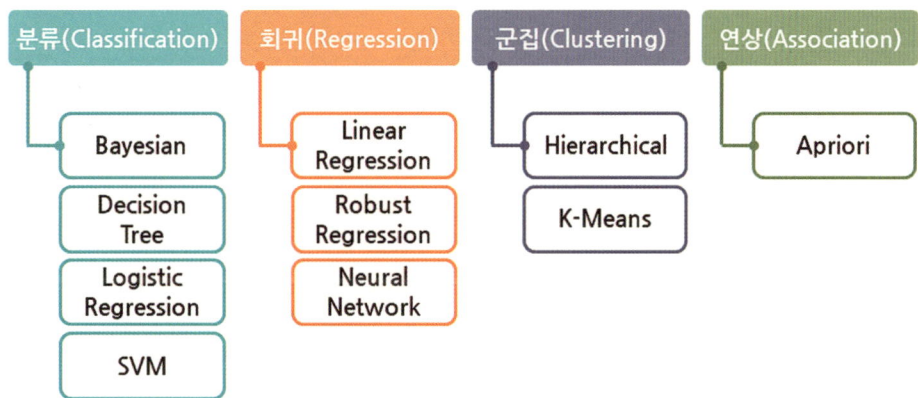

3. 통계적 분석의 종류

| **기술통계량** | 상관분석 | 회귀분석 | 분산분석 | 주성분분석 |

- 대푯값과 분산, 표준편차 등 전체 데이터 그룹의 위치와 산포를 확인하는데 주로 이용되는 분석방법
    ※ 대푯값 : 평균, 중앙값, 최빈값 등

| 기술통계량 | **상관분석** | 회귀분석 | 분산분석 | 주성분분석 |

- 두 변수간의 선형성을 측정하는 분석 방법
- 하나의 변수가 증가할 때, 비례 혹은 반비례적으로 다른 한 변수가 증가 또는 감소하는 정도를 보여줌
- 서로 관계를 가지는 변수들을 찾아낼 목적으로 사용됨

| 기술통계량 | 상관분석 | **회귀분석** | 분산분석 | 주성분분석 |

- 독립변수와 종속변수 사이의 인과관계를 밝히고, 그에 따른 종속변수의 수치를 예측하는 분석 방법
- 종속변수 값을 예측할 수 있는 수학적 모델식을 구성함
- 특정한 독립변수 값을 가질 때의 종속변수 값을 예측함

| 기술통계량 | 상관분석 | 회귀분석 | **분산분석** | 주성분분석 |

- 두 개 이상의 집단의 평균에 차이가 있는지를 검정하는 분석 방법
- F분포를 이용하여 가설을 검정함

> **F분포**
> - 두 개 이상의 집단을 비교할 때, 집단 내의 분산, 집단 간의 분산의 비교를 통해 생성된 F비를 이용하여 검정을 시행함
> - 다수 집단에 평균치 차이가 있는지 유의성 판단을 할 수 있음

```
기술통계량  상관분석  회귀분석  분산분석  주성분분석
```

- 다양한 변수들에 대한 다변량 분석의 많은 변수들로부터, 설명력이 큰 몇 개의 주성분들을 추출하는 방법
- 원인 분석 또는 변수 선정 등 지수 개발에 사용됨
- 차원을 축소하여 변수를 단순화 시키는데 그 의미가 있음

02 가설 설정

1 가설과 오류

▲ 가설과 가설 설정의 정의

▶ 정의

가설 (假說)	• [가 : 설](Hypothesis) • 어떠한 문제를 검증하기 위해 미리 세우는 결론

가설 설정	어떤 사실이나 현상에 내재되어 있는 법칙이나 결과를 얻어내기 위해 연구모델을 설계하는 과정에서 수립되는 첫 단계

▲ 통계적 가설 검정

▶ 정의

통계적 가설 검정	표본에서 얻은 정보를 통해, 귀무가설과 대립가설 중 어떠한 가설이 옳고 그른지를 판단하는 방법

🔹 귀무가설과 대립가설

귀무가설(H_0)	대립가설(H_1)
보편적으로 옳다고 믿어지는 가설	기존 주장에 문제점을 제기하는 새로운 가설
"사실과 같다."	"사실과 다르다(같지 않다)."

귀무가설(H_0)	대립가설(H_1)
과자 한 봉지는 80g이 맞다.	과자 한 봉지는 80g이 맞다고 할 수 없다.
2017년 한국성인남자 평균 키는 174cm이다.	2017년 한국성인남자 평균 키는 174cm가 아니다.
5세 아동의 평균 몸무게는 35kg이다.	5세 아동의 평균 몸무게는 35kg 이상이다.
성인 1명당 1달 기준 독서량은 3권이다.	성인 1명당 1달 기준 독서량은 3권 미만이다.

🔹 양측가설과 단측가설

양측가설	단측가설
귀무가설이 기각되는 경우 모수 값이, 귀무가설에서 지정한 값보다 크거나 작을 수 있는 가설	다음과 같이 모수값이, 귀무가설에서 지정한 값보다 '크다' 혹은 '작다'처럼 한쪽 방향으로만 진술되는 가설
$H_1 : \theta \neq 0$ (여기서 θ는 모집단의 특성)	$H_1 : \theta > 0$ 또는 $H_1 : \theta < 0$

구분	귀무가설(H_0)	대립가설(H_1)
양측가설	과자 한 봉지는 80g이 맞다.	과자 한 봉지는 80g이 맞다고 할 수 없다.
	2017년 한국성인남자 평균 키는 174cm이다.	2017년 한국성인남자 평균 키는 174cm가 아니다.
단측가설	5세 아동의 평균 몸무게는 35kg이다.	5세 아동의 평균 몸무게는 35kg 이상이다.
	성인 1명당 1달 기준 독서량은 3권이다.	성인 1명당 1달 기준 독서량은 3권 미만이다.

양측검정과 단측검정 시, 귀무가설과 대립가설의 설정

구분	귀무가설(H_0)	대립가설(H_1)	
양측검정	$H_0 : m_1 = m_2$	$H_1 : m_1 \neq m_2$	← 양측가설
단측검정	$H_0 : m_1 \leq m_2$	$H_1 : m_1 > m_2$	단측가설
	$H_0 : m_1 \geq m_2$	$H_1 : m_1 < m_2$	

구분	귀무가설(H_0)	대립가설(H_1)	
양측검정	과자 한 봉지는 80g이 맞다.	과자 한 봉지는 80g이 맞다고 할 수 없다.	양측가설 사용
	2017년 한국성인남자 평균 키는 174cm이다.	2017년 한국성인남자 평균 키는 174cm가 아니다.	
단측검정	5세 아동의 평균 몸무게는 35kg이다.	5세 아동의 평균 몸무게는 35kg 이상이다.	단측가설 사용
	성인 1명당 1달 기준 독서량은 3권이다.	성인 1명당 1달 기준 독서량은 3권 미만이다.	

단측검정 시, 우측검정과 좌측검정의 설정

구분	귀무가설(H_0)	대립가설(H_1)
우측검정	$H_0 : m_1 = m_2$	$H_1 : m_1 > m_2$
좌측검정	$H_0 : m_1 = m_2$	$H_1 : m_1 < m_2$

구분	귀무가설(H_0)	대립가설(H_1)
우측검정	과자 한 봉지는 80g이다.	과자 한 봉지는 80g보다 많다.
좌측검정	2017년 한국성인남자 평균 키는 174cm이다.	2017년 한국성인남자 평균 키는 174cm보다 작다.

오류

제1종의 오류와 제2종의 오류

제1종의 오류(α): 귀무가설이 참인데도 불구하고 귀무가설을 옳지 않다고 판단하는 경우

제2종의 오류(β): 귀무가설이 참이 아닌데도 귀무가설을 올바르다고 판단하는 경우

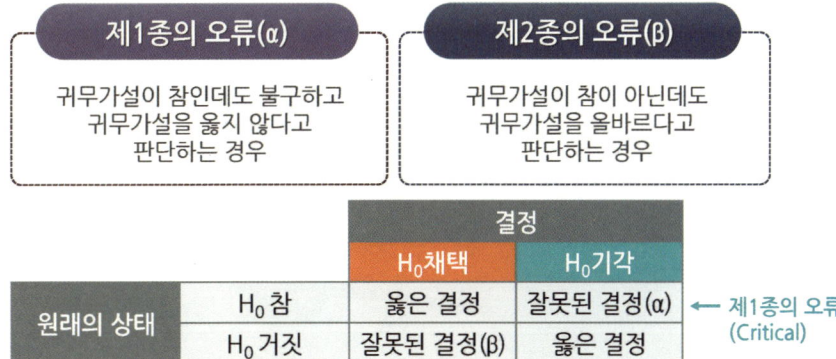

원래의 상태		결정	
		H_0 채택	H_0 기각
	H_0 참	옳은 결정	잘못된 결정(α) ← 제1종의 오류 (Critical)
	H_0 거짓	잘못된 결정(β)	옳은 결정

↑ 제2종의 오류

ⓘ 제1종의 오류와 제2종의 관계

$\begin{cases} H_0 : \mu = \mu_0 \\ H_1 : \mu > \mu_0 \end{cases}$
- 임계값(Critical Value)
- 왼쪽 분포의 95% 신뢰한계($\alpha = 0.05$)

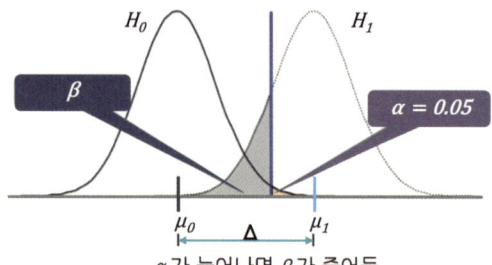

α가 늘어나면 β가 줄어듦

2 모집단과 표본설정

▲ 모집단과 표본

모집단	특성을 알고자 하는, 연구의 대상이 되는 모든 개체들의 전체 집합
모수	모집단의 특성을 나타내는 값
표본	연구를 위해서 모집단에서 추출된 일부
표본통계량 (=통계량)	표본의 특성을 나타내는 양(표본을 분석하여 얻어지는 결과치)

모집단		표본	
모수	모평균 모분산 모표준편차 모비율	통계량	표본평균 표본분산 표본표준편차 표본비율

▲ 모집단과 표본과의 관계

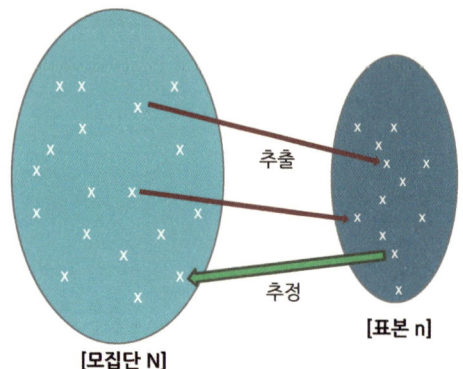

[모집단 N] 추출 / 추정 [표본 n]

전수(모집단)조사와 표본조사

전수조사와 표본조사

| 전수조사 | • 연구하고자 하는 대상(모집단)을 모두 조사하는 방식
• 시간과 비용이 많이 들고 불가능한 경우가 대다수 |

| 표본조사 | • 모집단으로부터 추출한 표본을 이용한 조사방식
• 시간과 비용이 절약되는 장점이 있으나, 표본이 모집단을 대표하지 못한다면 일반화에 제약이 따름 |

➡ **대표성 있는 표본을 얻는 것이 표본추출의 핵심**

표집오차

| 표집오차 | 모집단에서 표본을 추출할 때, 추출된 표본집단이 모집단을 정확하게 반영해주지 못해서 발생하는 오류 |

표본의 크기 결정

기본 계산식

$$\frac{Z^2}{T^2} \times S^2$$

- T: 허용 가능한 표본 평균과 모집단의 평균 차이
- Z: 정규분포 Z값
- S: 모집단의 표준편차

독립변수의 숫자에 따라 표본 수 결정(인과 관계 연구일 경우)

독립변수 숫자 × 15

Ex 소득과 학력에 따른 범죄율 연구 시,
이 때의 독립변수가 **소득, 학력**이므로
독립변수의 수(2) × 15 = 30

표본추출

확률적 표본추출과 비확률적 표본추출

확률적 표본추출: 추출 확률이 동일한 표본추출, 무작위성, 대표성있는 표본으로 일반화 가능 및 표본오차 추정 가능

Ex 단순무작위 추출, 체계적(계통) 추출, 층화표본 추출, 집락 추출 등

비확률적 표본추출: 추출될 확률이 동등하지 않은 표본추출, 대표성에 제약이 있는 제한된 일반화, 표본오차 추정 불가능

Ex 편의표본 추출, 할당표본 추출, 판단표본 추출, 스노우볼 표본 추출 등

확률적 표본추출의 종류

단순무작위: 모집단 전원에게 1번부터 N번까지 일련번호를 부여한 후에, 이들 중에서 필요한 표본의 크기만큼 임의대로 조사대상을 추출하는 방법

→ 이 때 **난수표**를 이용함

| 계통적(체계적) 추출 | 추출단위에 일련번호를 부여하고 이를 등간격으로 나눈 후 첫 구간에서 하나의 번호를 랜덤 선정한 다음 등간격으로 떨어져 있는 번호들을 각 구간에서 추출하는 방법 |

 단순추출보다 **대표성** 있음

| 집락표본 추출법 | 모집단을 소집단으로 나누고 일정수의 소집단을 무작위로 표본추출한 후, 추출된 소집단 내의 구성원들을 모두 조사하는 방식 |

| 층화표본 추출법 | 모집단을 특정 기준에 따라 상이한 소집단으로 나누고, 이들 각각 소집단들로부터 표본을 무작위로 추출하는 방식 |

 다른 기법과 함께 사용할 수 있다는 장점이 있음

▶ 비확률적 표본추출의 종류

| 편의표본 추출법 | 조사자가 주관적으로 표본을 추출하는 방법 |

 가장 간단한 형태의 표본 추출법

특징	문제점
• 저렴한 비용 • 간단한 절차	• 대표성과 일반화에 문제가 생김

| 유의표본 추출법 | 모집단의 의견을 반영할 수 있는 것으로 판단되는 특정집단을 표본으로 선정하는 방법 |

 판단표본추출법이라고도 함

특징	문제점
• 모집단에 대한 조사자의 정확한 지식과 판단이 중요함 • 적은 비용이 소요됨	• 대표성과 일반화에 문제가 생김

| 할당표본 추출법 | 미리 정해진 기준(할당 분량)에 따라 모집단을 여러 집단으로 구분하고 각 집단별로 대상을 추출하는 방법 |

특징	문제점
• 조사자가 정확한 구성비를 알아야만 사용 가능함 • 무작위 추출보다 적은 비용이 소요 • 각 계층을 적절하게 대표함	• 대표성과 일반화에 문제가 생김

| 스노우볼 | 표본을 구하기 어려운 경우, 소수의 인원을 확보한 후 그 인원을 활용해 주위 사람들을 모으는 방법 |

03 데이터 분포 및 검정통계량 설정

1 확률분포와 검정통계량

확률분포

확률	표본공간에서 만들어질 수 있는 가능한 모든 사건에 0과 1사이의 값을 대응시키는 함수
표본공간	각 실험에서 얻어질 수 있는 가능한 모든 근원사건의 집합
확률변수	표본공간의 각 사건에 실수를 대응시키는 함수, 즉 표본공간을 정의역으로 하고 실수공간을 치역으로 하는 함수
확률분포	가능한 모든 확률변수와 이 변수가 발생할 확률을 나타낸 것

표본분포

정의

| 표본분포 | • 표본을 n개의 확률변수의 조합이라고 볼 때, 통계량의 확률분포를 의미함
• 추출된 표본 통계량의 가능한 모든 확률변수와 이 변수가 발생할 확률 |

이산분포와 연속분포

정의

이산(확률)분포
- 정수로 딱 나뉘는 셀 수 있는 경우의 분포
- 동전을 두 번 던지는 실험에서 앞면이 나오는 수와 같이 셀 수 있음

➡ 이항분포, 다항분포, 초기하분포, 기하분포, 음이항분포, 포아송분포, 베르누이 분포 등

연속(확률)분포
- 키, 몸무게, 거리 등의 양을 측정할 때와 같이 확률변수가 가지는 값이 구간으로 표시되거나 연속적이 값을 취하는 셀 수 없는(이어지는) 경우의 분포

➡ 균등분포, 정규분포, 지수분포, 감마분포, 베타분포, t분포, 카이제곱분포, F분포 등

이산(확률)분포

구분	개념	예
이항분포	연속된 n번의 독립적 시행에서 각 시행이 확률 p를 가질 때의 이산확률분포	주사위를 10(= n)회 던져 6(= p)이 나온 경우의 확률
포아송분포	단위 시간 내에 어떤 사건이 몇 번 발생할 것인지를 표현하는 이산확률분포	특정 단위 시간 동안 톨게이트를 통과한 차량의 수
초기하분포	n개 중에 k개만 찾는 조건이라고 할 때, n개 중 n개를 뽑았을 때 k에 대한 분포	주머니 속 공 10개 중 빨간 공은 6개일 때, 비복원 추출로 7개를 뽑는 경우 빨간 공이 4개가 나올 확률
베르누이분포	실험의 결과가 두 가지 가능한 값만을 가질 때, 일정한 성공확률 p를 갖는 실험	주사위를 한 번 던져서 나오는 수가 홀수이면 '성공', 짝수이면 '실패'일 확률

연속(확률)분포

구분	개념
정규분포	'가우스분포'라고도 하며 모든 값을 표현하기에 최대/최소값 없이 무한대로 표현이 가능한 분포
표준정규분포	정규분포 중에서도 평균이 0이고 분산이 1인 특수한 경우의 분포 (Z분포라고도 함)
중심극한정리	평균 μ와 분산 σ^2을 가지는 모집단으로부터 얻은 확률분포의 표본수 n이 충분히 커지면 평균 μ와 분산 $\frac{\sigma^2}{n}$을 갖는 정규분포에 근사함 ($n > 30$ 때)
지수분포	사건이 서로 독립적일 때 다음 사건이 일어날 때까지의 대기 시간에 대한 확률분포

표본분포의 종류

T분포

표본 크기라 30이하인 경우에는 t분포를 사용해야 함

- 표본의 사례수(n)가 매우 작은 경우에는 표본분포가 정규분포를 이루지 못하기 때문임

자유도에 따라 표본분포곡선의 모습이 변화함

- t분포는 표준정규분포와는 달리 단일분포를 보이지 않고 표본의 크기에 따라 표본분포가 변하는 특징이 있음

두 집단간 평균 차이에 대한 가설검정에 주로 사용됨

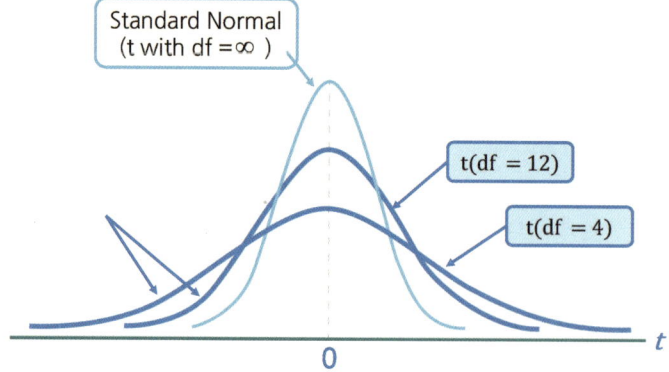

▶ F분포

F분포	• 두 개의 분산에 관한 추론 • 독립적인 카이제곱 변수들이 해당되는 자유도에 의해 나눠진 값의 비율에 이한 분포

비교집단이 3개 이상인 경우 사용됨

대표적으로 분산분석에 사용되는 분포임

자유도	v_1, v_2	카이자승 변수	$X^2{}_1, X^2{}_2$

- F분포의 F값은 집단간 분산의 추정량을 집단내 분산의 추정값으로 나눈 수치임
- F분포는 F값을 나타내는 분자와 분모 각각의 자유도에 의해 규정됨

자유도	v_1, v_2	카이자승 변수	$X^2{}_1, X^2{}_2$

$$X^2 = \frac{vs^2}{\sigma^2}$$

$$F_{v_1, v_2} = \frac{\dfrac{X_1^2}{v_1}}{\dfrac{X_2^2}{v_2}}$$

$$F_{v_1, v_2} = \frac{\dfrac{X_1^2}{v_1}}{\dfrac{X_2^2}{v_2}} = \frac{\dfrac{v_1 s_1^2}{\sigma_1^2}}{\dfrac{v_1 s_2^2}{\sigma_2^2}} = \frac{\dfrac{s_1^2}{\sigma_1^2}}{\dfrac{s_2^2}{\sigma_2^2}} = \frac{s_1^2}{s_2^2} \frac{\sigma_2^2}{\sigma_1^2}$$

χ^2 분포

> 실제로 관찰된 빈도가 기대빈도와 얼마나 근접한지를 검정할 때 사용함

> 주로 명목척도로 측정된 두 변수간의 상관관계를 검정할 때 사용함

> 표본분포로 자유도에 의해 구체적인 분포가 결정됨

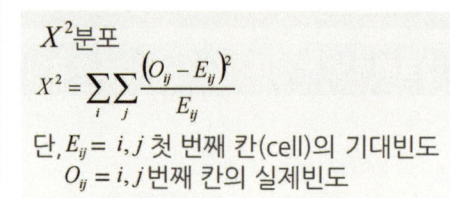

X^2분포
$$X^2 = \sum_i \sum_j \frac{(O_{ij} - E_{ij})^2}{E_{ij}}$$
단, E_{ij} = i, j 첫 번째 칸(cell)의 기대빈도
O_{ij} = i, j 번째 칸의 실제빈도

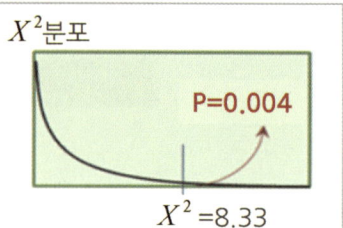

X^2분포, P=0.004, X^2=8.33

검정통계량

정의

| 검정통계량 | • 가설 검정을 위해 관찰된 표본으로부터 구해진 통계량
• 분석 방법에 따라 사용되는 통계량이 결정되며 일반적으로 표준화된 값들을 사용함(Z, F, t, χ^2 등) |

분류

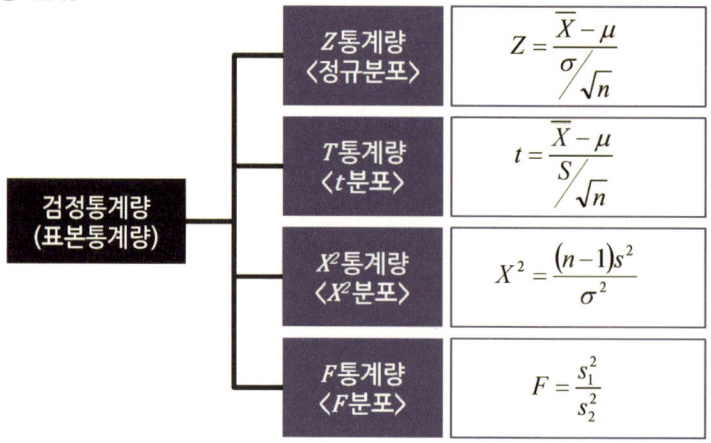

검정통계량(표본통계량)
- Z통계량 〈정규분포〉: $Z = \dfrac{\overline{X} - \mu}{\sigma/\sqrt{n}}$
- T통계량 〈t분포〉: $t = \dfrac{\overline{X} - \mu}{S/\sqrt{n}}$
- X^2통계량 〈X^2분포〉: $X^2 = \dfrac{(n-1)s^2}{\sigma^2}$
- F통계량 〈F분포〉: $F = \dfrac{s_1^2}{s_2^2}$

▶ 분포형태

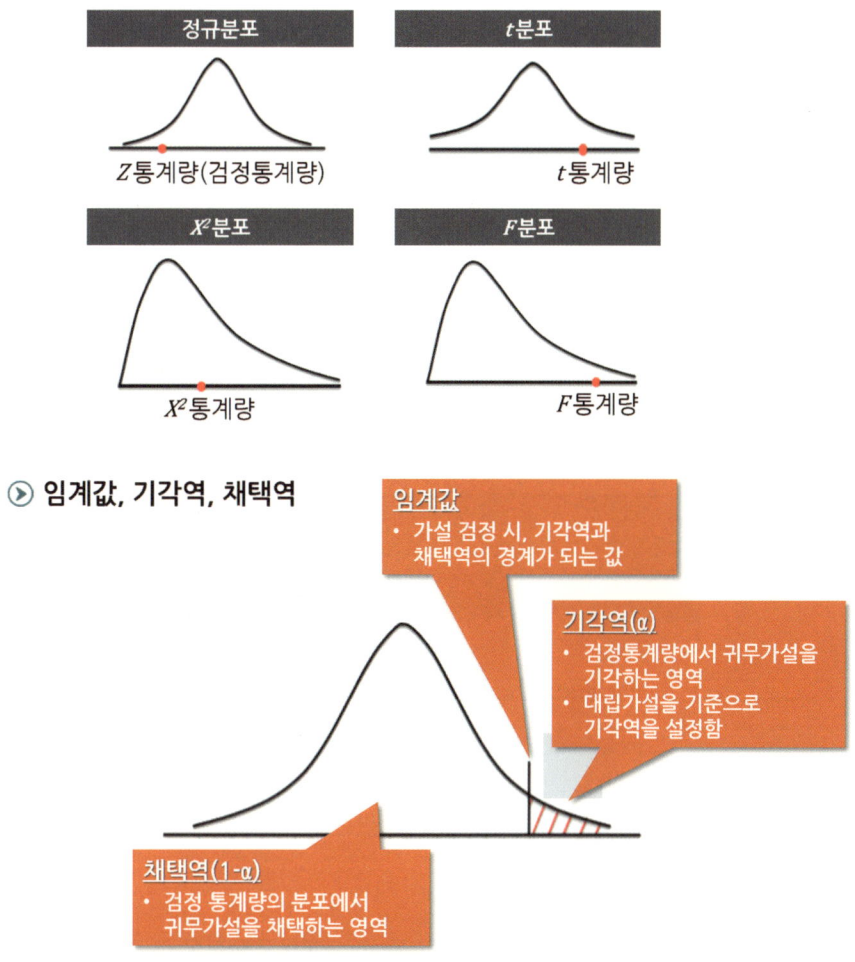

▶ 임계값, 기각역, 채택역

▶ 가설 검정 방향에 따른 기각역과 유의수준의 변화

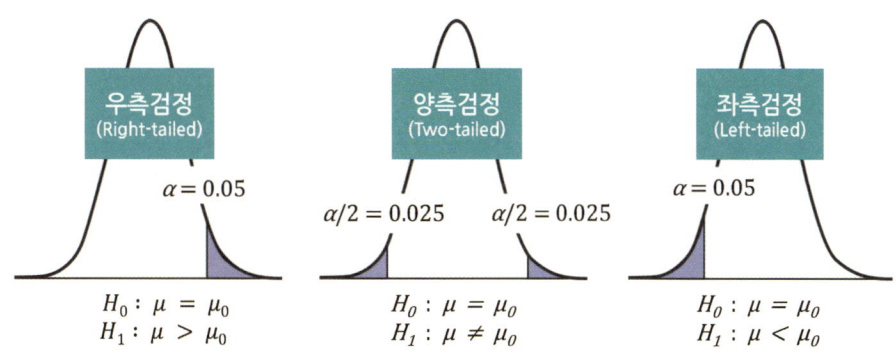

2. 유의수준과 신뢰구간

▲ 유의수준(α)과 유의확률(P-Value)

유의수준(α)	유의확률(P-Value)
가설 검정 시, 허용 가능한 1종 오류의 최대치	관측된 표본의 결과가 귀무가설을 지지하는 정도의 확률
연구자가 세운 대립가설의 채택 여부를 판단하는 기준	유의수준과 비교해 대립가설의 채택 혹은 기각 여부를 판단함

α = 0.05일 때		결정	
		H_0	H_1
P-Value	$P > \alpha$	채택	기각
	$P < \alpha$	기각	채택

▲ 신뢰구간과 신뢰수준

신뢰구간	• 모집단에서 n번의 표본을 추출했을 때, 그 표본이 모평균을 포함하고 있는 구간 • 모집단에서 표본을 추출했을 때, 그 표본이 모집단을 대표할 수 있는지 파악하는 용도로 사용
신뢰한계	• 신뢰구간에서 얻어진 구간의 하한과 상한
신뢰수준	• 신뢰구간이 실제로 모수(모평균)을 포함하게 되는 정도 • A가 제 1종의 오류를 범하게 될 최대허용치일 때, 신뢰수준은 1-α로 표현함

PART 08 통계처리 결과에 대한 해석

01 통계 데이터 용어 해설

1. 확률밀도함수와 확률질량함수

▲ 확률밀도함수

▶ 정의

| 확률밀도함수 | 확률밀도를 함수형태로 나타낸 것 — 연속확률변수가 주어진 어떤 구간 내에 포함될 확률 |

▶ 관련 식

$$P[a \leq X \leq b] = \int_{-\infty}^{\infty} f(x)dx$$

▲ 누적분포함수(연속형)

▶ 정의

| 누적분포함수 (연속형) | 연속확률변수 X가 $f(x)$라는 확률밀도함수를 가질 때, 실수 x에 대하여 구간 $(-\infty, x)$에서 확률값을 나타내는 함수 |

▶ 관련 식

$$F(x) = P[X \leq x]$$

확률질량함수

▶ 정의

| 확률질량함수 | 이산확률변수가 가질 수 있는 모든 특성값(x)에 대한 확률을 나타내는 함수 |

▶ 관련 식

$$P(x) = P[X=x]$$

누적분포함수(이산형)

▶ 정의

| 누적분포함수 (이산형) | • 이산확률변수 X가 $p(x)$라는 확률질량함수를 가질 때, X가 가질 수 있는 관찰값 x를 누적시켜 해당되는 확률질량함수 값을 더한 형태
• 어떤 확률에 대해, 확률 변수가 특정 값보다 작거나 같을 확률 |

▶ 관련 식

$$F(x) = P[X \leq x] = \sum_{X \leq x} p(\mu)$$

2. 척도와 변수에 따른 통계분석 방법과 종류

데이터의 유형과 척도, 변수

▶ 정의

| 데이터 [=자료(資料), Data)] | • 수, 영상, 단어 등의 형태로 된 의미 단위
• 보통 연구나 조사 등의 바탕이 되는 재료를 뜻함 |

데이터를 의미 있게 정리 정보가 됨

질적 자료와 양적 자료

질적 자료
- 수치로 측정이 불가능한 자료
- 분류 자료
- 범주형 자료(Categorical Data)

Ex) 전화번호, 운동선수 등번호, 성별, 혈액형, 계급, 순위, 등급, 종교 분류 등

양적 자료
- 수치로 측정이 가능한 자료
- 수치적 자료(Numerical Data)

Ex) 온도, 지능지수, 절대온도, 가격, 주가지수, 실업률, 매출액 등

척도의 정의

척도 [尺度, Scale]
- 측정하고자 하는 대상의 특성을 수량화 하기 위해 부여하는 숫자들의 체계
- 여러 개의 문항 또는 지표들로 구성되는 복합 측정 도구

척도의 종류

명목척도: 수량 혹은 순서와 상관없이 이름만 붙여지는 척도

서열척도: 숫자 혹은 수치와는 상관없이 순서(서열)을 구분하기 위한 척도('순서 척도'라고도 함)

등간척도: 명목척도나 서열척도와는 달리 측정 자료들 간에 더하기와 빼기의 연산이 가능한 척도

비율척도: 등간척도의 성질에 '절대0'의 개념인 값이 추가된 척도로서, 수의 개념이 모두 들어간 척도를 의미함

➡ 사칙연산(+, -, ×, ÷)이 가능함

각 척도별 사용목적과 예시

척도의 수준에 따라 크게 4가지로 나눔		
척도	사용목적	예시
명목척도	확인, 분류	성별, 운동선수 등번호, 존재유무 등
서열척도	순위비교	성적석차, 사회계층구분, 정치 후보자 선호순위 등
등간척도	간격비교	온도, 상표선호도, IQ, 주가지수 등
비율척도	절대적 크기 비교	키, 몸무게, 구매확률, 투표율, 소득, 나이 등

▶ 변수의 정의

| 변수
[變數, Variable] | • 값이 특정 지어지지 않아 임의의 값을 가질 수 있는 문자
• 그 크기가 변할 수 있는, 상이한 값을 취할 수 있는 수 |

▶ 변수의 분류

독립(=원인)변수	어떠한 효과를 관찰하기 위하여 실험적으로 조작되거나 혹은 통제된 변수	⎫ ⎬ 변수는 위치 및 ⎭ 역할에 따른 구분
종속(=결과)변수	독립변수의 효과를 측정하는 대상	
질적변수	명목척도 및 서열척도로 구성된 변수	⎫ ⎬ 변수를 구성하는 ⎭ 척도에 따른 구분
양적변수	등간척도 및 비율척도로 구성된 변수	

▶ 독립변수와 종속변수

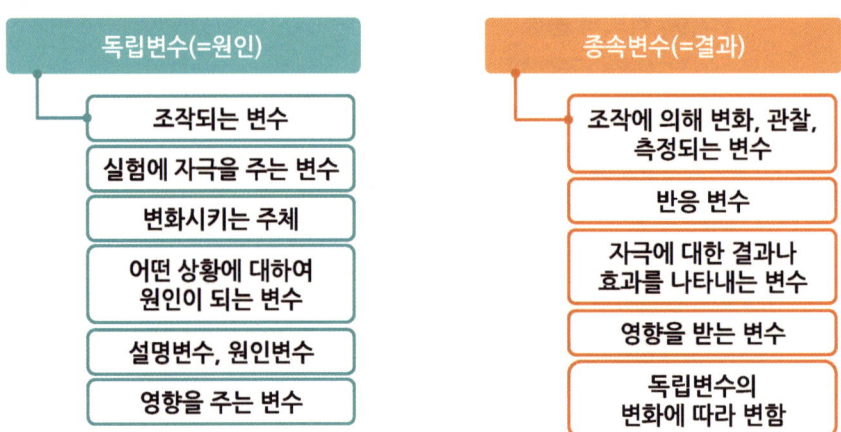

▲ 각 척도별 대푯값 및 적용가능 분석방법

척도	척도별 사용 대푯값	적용가능 분석방법
명목척도	최빈값	빈도분석, 비모수통계, 교차분석
서열척도	중앙값	서열상관관계, 비수모통계
등간척도	산술평균	모수통계
비율척도	기하평균, 조화평균	모수통계

대푯값

정의

| 대푯값 | • 주어진 자료를 대표하는 특정 값
• 어떤 값들의 집합의 적절한 특징을 나타내거나 요약한 것 |

> 대푯값은 자료의 중심적인 경향이나 자료 분포의 중심의 위치를 나타내는 지표임

> 일반적으로 평균(Mean), 중위수(Median), 최빈값(Mode) 등이 사용됨

평균, 중위수, 최빈값

평균(Mean)	중위수(Median)	최빈값(Mode)
자료 전체의 값을 자료의 개수로 나눈 값	자료 집단 전체를 크기의 순서대로 나열했을 때, 중앙에 위치하는 값	자료분포 중에서 가장 빈번히 관찰된 최다도수를 갖는 자료값

- 총수 n이 홀수일 때 : $(n+1)/2$번째의 변량의 산술평균을 취함
- 총수 n이 짝수일 때 : $n/2$번째와 $(n+2)/2$번째의 변량의 산술평균을 취함

모수통계와 비모수통계

모수통계

| 모수통계 | 모집단의 모수에 관한 가설을 포함하는 추론적 통계 |

다음과 같은 추론 하에 이루어짐
- 일반적으로 모집단이 정상분포를 이룸
- 변량이 가지고 있는 자료가 등간격임

모수통계가 사용되는 예
- 피어슨의 적률상관계수
- 다중회귀분석
- 변량분석 등

⊙ 비모수통계

| 비모수통계 | 표본이 추출되는 모집단의 분포형태에 관한 전제를 필요로 하지 않는, 서열적인 수준의 표본자료에 관한 분석에서 사용되는 통계방법 |

'자유분포통계'라고도 함

방법의 사용에 기초한 전제가 관대하며 공식이 단순하고 사용하기 쉬움

↳ 모수통계와는 대조적임

▲ 변수에 따른 통계 분석 방법

⊙ 독립변수와 종속변수

| 독립변수 | • 실험 또는 연구에서 자극을 주는 변수(= 원인변수)
• 어떤 것의 원인이 되는 변수이며 종속변수에 영향을 미침 |

| 종속변수 | • 자극에 대한 반응이나 결과를 나타내는 변수
  (= 반응변수, 결과변수)
• 독립변수의 영향을 받아 변함 |

독립변수	종속변수	검정방법
-	질적 변수	적합도 검정[비모수적 기법의 χ^2 검정]
-	양적 변수	일표본 T검정[종속변수 1개]
-		대응표본 T검정[종속변수 2개]
질적 변수	질적 변수	교차분석
	양적 변수	독립표본 T검정[독립변수 2개 범주]
		일원분산분석[독립변수 3개 이상 범주]
		이원분산분석[질적 독립변수 2개]
양적 변수	질적 변수	이분형 로지스틱 회귀분석
	양적 변수	상관분석
		단순회귀분석[독립변수 1개]
		다중회귀분석[독립변수 2개 이상]
		더미변수 이용 회귀분석[질적 독립변수 포함]

▲ 통계분석 방법의 종류 및 개념

분석방법	분석목적	특징
빈도분석	표본에 대한 인구 특성화적 성격 파악 시	명목/서열/등간/비율척도 사용가능
T검정	두 표본 집단 간의 성격이 '맞다/틀리다', '같다/다르다', '차이가 있다/없다'의 검증	독립변수가 명목척도, 종속변수가 등간/비율척도로 구성
분산분석	T검정과 같지만 3개 이상의 표본일 경우	독립변수가 명목척도, 종속변수가 등간/비율척도로 구성
요인분석	변수들의 상관관계 및 타당성 검증	등간척도 및 비율척도로 변수 구성
신뢰도분석	연구대상에 대해 반복적으로 측정하더라도 동일한 값을 얻을 수 있는가(신뢰도)를 확인	등간척도 및 비율척도로 변수 구성

분석방법	분석목적	특징
연관성분석	• 변수들 간의 관계와 연관성 강도 확인 • 변수들이 독립적(연관성=0) • 변수들 간에 어떤 연관이 있는지(0<연관성<1)	• 명목척도 - 교차분석 • 서열척도 - 스피어만상관분석 • 등간/비율척도 - 피어슨 상관분석
카이제곱분석	교차분석 후 집단간 차이가 유의한지 검증	명목척도 및 서열척도로 구성된 변수에 사용
회귀분석	• 변수들 간 인과관계 파악	• 등간척도 및 비율척도로 구성된 변수에 사용 • 간혹 독립 혹은 종속변수가 명목/서열척도로 구성된 경우에도 분석이 가능

02 통계 데이터 검정 활용

1 독립성 검정과 적합도 검정

▲ 독립성 검정

▶ 정의

| 독립성 검정 | 조사대상에 대하여, 두 가지 범주형 변수에 대해서 서로 관련성이 있는지 검정하는 방법 |

독립성 검정에 사용되는 분석 방법

> 독립성 검정에는 크게 **교차분석**과 **카이제곱 독립성 검정**이 활용됨

교차분석
- 명목이나 서열수준과 같은 범주형 수준의 변인들에 대한 케이스들의 교차빈도에 대한 기술통계량을 제공
- 교차빈도에 대한 통계적 유의성을 검증해 주는 통계분석 기법

특히 교차분석 기법 중에서 자주 사용하는 기법

| 교차분석 기법 | 카이제곱 독립성 검정 기법 |

통계처리 결과에 대한 해석에 따라
독립성 검정 혹은 **동질성 검정**으로 구분됨

교차분석과 카이제곱 독립성 검정

교차분석
- 교차분석은 2개 또는 그 이상의 범주 변인들에 근거한 케이스들의 중복된 빈도 분포를 생산하는 과정에서 적용되는 통계 기법
- 두 범주 변인 간 관계가 상호 독립 관계인지 혹은 상호 연관성을 맺고 있는지를 검증하는 방법

카이제곱 독립성 검정
- 기대빈도 간에 얼마만큼의 차이가 있는지 카이제곱 분포를 참조해 통계적으로 검증하는 통계 기법

실제로 나온 관찰빈도와 각 셀에서 통계적으로 기대할 수 있는 빈도

교차분석과 카이제곱 검정 시 통계처리 결과에 대한 해석

구분	가설	
	H_0	H_1
독립성 검정	응답범주(수준)들 끼리는 서로 독립적이다(관련이 없다).	응답범주(수준)들 끼리는 서로 독립적이지 않다(관련이 있다).
동질성 검정	응답범주(수준)들 끼리는 서로 분포가 동일하다.	응답범주(수준)들 끼리는 서로 분포가 동일하지 않다.

검정 결과와 그 해석

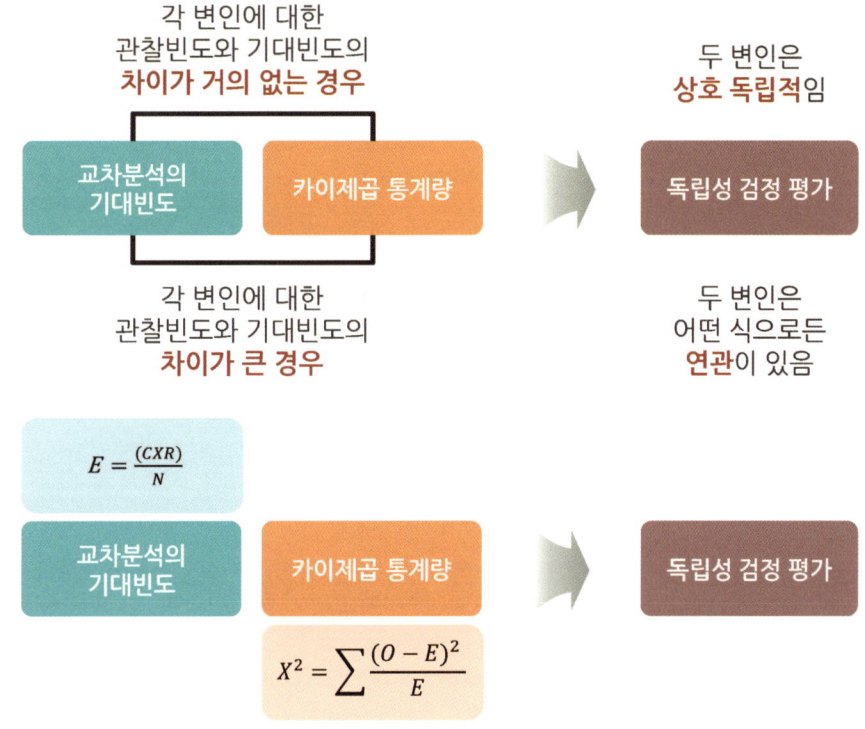

적합도 검정

정의

적합도 검정	특정 분포 혹은 비율에 검정하고자 하는 대상이 얼마나 적합한가(일치하는가)에 대한 검정

⊙ 특징

- 두 모집단이 서로 동일한 분포를 가지는지 알아보기 위해 실시함
- 카이제곱 적합도 검정과 Kolmogorov-Smirnov 검정이 대표적으로 사용됨 (콜모고로프-스미르노프)
- 카이제곱 적합도 검정은 기댓값과 관측값을 이용한 방법임
- k-s검정은 누적분포함수의 차이를 이용함

⊙ 두 적합도 검정의 비교

Kolmogorov-Smirnov 검정 (콜모고로프-스미르노프)
- 연속형 데이터에 사용 가능
- 필요한 표본 크기가 상대적으로 작음
- 모수를 추정해야하는 경우 정확도가 낮음

카이제곱 검정
- 이산형 데이터에 사용가능 (연속형일 경우 그룹으로 묶어야 함)
- 표본 크기가 충분히 커야 정확도가 높음
- 자유도에 모수 추정된 것이 반영됨

⊙ 카이제곱 적합도 검정

계산식

$$X^2 = \sum \frac{(O-E)^2}{E} = \sum \frac{(관측빈도 - 기대빈도)^2}{기대빈도}$$

이와 같은 수식으로 산출된 검정통계량을 사용하여 검정을 실시함

- 기대빈도수인 E가 모두 5 이상인 조건을 만족하면 귀무가설이 참이라는 가정하에서 근사적으로 $\chi^2(n-1)$을 따르는 것으로 알려져 있음

⊙ Kolmogorov-Smirnov 적합도 검정(단일표본)

| Kolmogorov-Smirnov 적합도 검정 | 관측된 표본분포와 가정된 분포 사이의 적합도를 검정하는 방법 |

➡ 주어진 자료가 적어도 서열변인이며 연속적 분포를 이룬다는 가정을 할 수 있을 때, 한 주어진 표집분포가 어떤 이론적으로 기대되는 분포와 의미있는 차가 있는가를 검증해 주는 비모수적 검증방법

| 표본의 수가 작은 경우 | 카이제곱 적합도 검정 | | 통계적 검증력 |

⊙ Kolmogorov-Smirnov 검정의 카이제곱 검정 단점 보완

- 범주별로 일정 수 이상의 예상 횟수와 같은 조건을 부여하지 않는 적합도 검정방법
- 범주별 데이터를 가정하지 않음
- 연속형 데이터에도 적용가능
- 계산의 편의를 위해서 자료를 범주별로 분류 (필수가 아님)

▲ 오차

⊙ 정의

| 오차 [Error, 誤差] | 측정대상이 갖는 참값과 측정도구를 적용하여 얻은 측정값 사이의 불일치의 정도, 혹은 그 차이 |

⊙ 오차의 종류

체계적 오차
- 변수에 일정하게 체계적으로 영향을 줌으로써 측정결과가 모두 높아지거나 낮아지게 되는 오차
  ➡ 편향된 경향을 보임

비체계적 오차
- 오차의 값이 인위적이거나 편향된 것이 아니라, 다양하게 분산되어 있어 무작위적으로 발생하는 오차
- 측정대상이나 측정과정, 측정수단, 측정자 등에 일관성 없이 영향을 미침으로써 발생하는 오차

⊙ 표본오차와 비표본오차

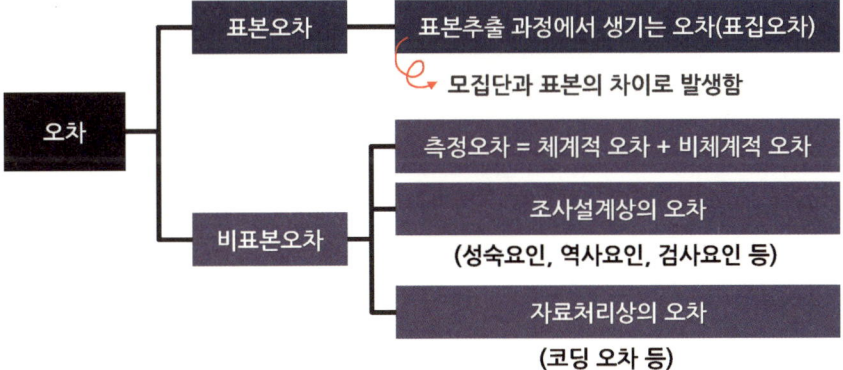

- 오차
  - 표본오차 — 표본추출 과정에서 생기는 오차(표집오차)
    ↳ 모집단과 표본의 차이로 발생함
  - 비표본오차
    - 측정오차 = 체계적 오차 + 비체계적 오차
    - 조사설계상의 오차 (성숙요인, 역사요인, 검사요인 등)
    - 자료처리상의 오차 (코딩 오차 등)

▲ 신뢰도

◉ 정의

| 신뢰도 | 측정하고자 하는 현상을 얼마나 일관성 있게 측정했는가 하는 정도(측정의 신뢰도) |

◉ 신뢰도 측정방법

재검사법
- 조사시행 후 일정 기간이 경과한 후에 동일 도구로 동일 대상에게 재조사를 실시하는 방법

복수양식법
- 동일한 개념에 대해 2개 이상의 상이한 측정도구를 개발하고 각각의 측정치들 간의 일치 여부를 검증하는 방법

반분법
- 측정 도구를 임의로 반으로 나누어 각각을 독립된 척도로 보고, 이들 간의 결과를 비교하는 방법

내적 일관성 분석법
- 가능한 모든 반분신뢰도를 계산하여 그 평균값을 신뢰도로 추정하는 방법
- Cronbach's α(크론바흐 알파) 계수를 의미하여 가장 보편적인 신뢰도 측정법

◉ 신뢰도 제고방안

- 측정 도구의 모호성 제거
- 측정자의 태도와 측정 방식의 일관성 유지
- 측정 항목의 수를 늘림
- 조사대상자가 잘 모르거나 무관심한 내용은 측정항목에서 제외
- 이미 신뢰도가 검증된 표준화된 측정도구를 이용

▲ 타당도

◉ 정의

| 타당도 | 측정하고자 하는 개념이나 속성을 얼마나 정확히 측정했는가 하는 정도 |

PART 09 빅데이터 처리 기술

알통 [R을 활용하여 배우는 통계 기반 데이터 분석]

01 각 분석기법에 대한 통계학 이론

1 빅데이터 처리 기술

▲ 빅데이터

▷ **정의**

| 빅데이터 | • 디지털 환경에서 생성되는 데이터
• 규모가 방대하고, 생성 주기가 짧음
• 수치 데이터, 문자와 영상 데이터를 포함하는 대규모 데이터 |

▷ **특징**

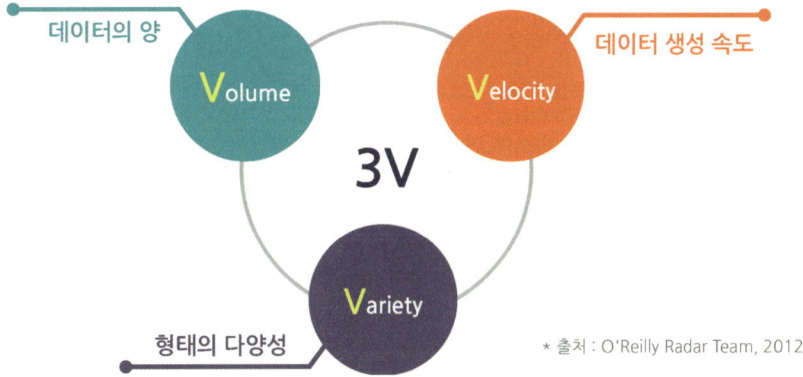

- Volume : 데이터의 양
- Velocity : 데이터 생성 속도
- Variety : 형태의 다양성

* 출처 : O'Reilly Radar Team, 2012

▲ 데이터 처리 기술

▷ **정의**

| 데이터
처리 기술 | 데이터 처리를 위한 하드웨어 및 소프트웨어 기술을 총칭 |

▶ 구분

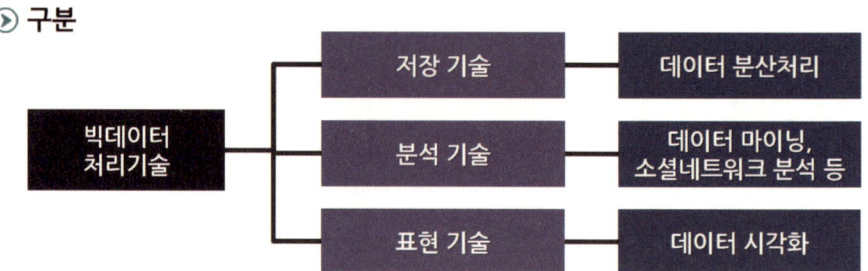

▶ 저장 기술

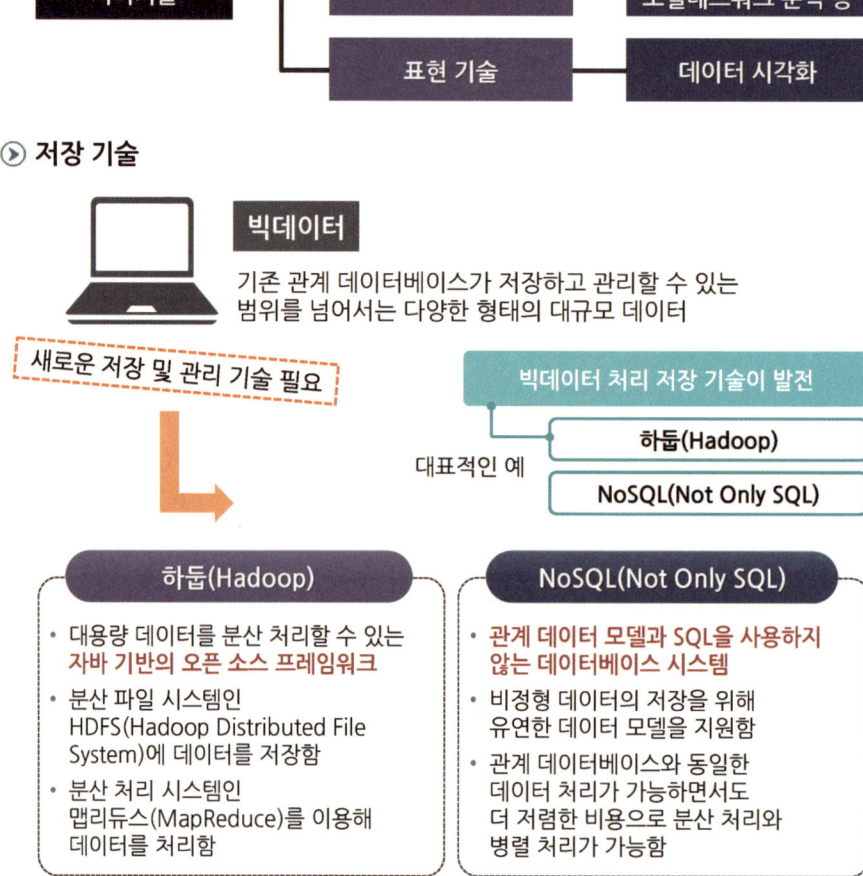

▶ 분석 기술

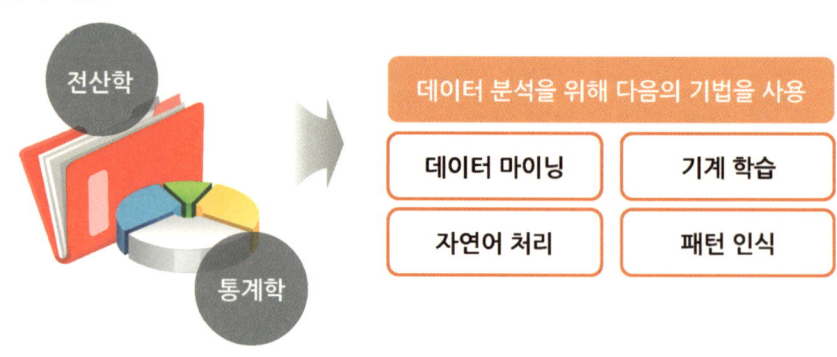

텍스트 마이닝	반정형 또는 비정형 텍스트에서 자연어 처리 기술을 기반으로 **가치 있는 정보를 추출하고 가공함**
오피니언 마이닝	SNS, 블로그, 게시판 등에 기록된 사용자들의 의견을 수집하고 분석하여, **제품이나 서비스에 대한 긍정, 부정, 중립 등의 선호도를 추출함**
소셜 네트워크 분석	소셜 네트워크의 연결 구조나 강도 등을 바탕으로 **소셜 네트워크에서의 영향력, 관심사, 성향, 행동 패턴 등을 추출함**
군집 분석	데이터 간의 유사도를 측정한 후 이를 바탕으로 특성이 비슷한 데이터를 합쳐가면서 최종적으로 **유사 특성의 데이터 집합을 추출함**

⊙ 표현 기술

데이터 시각화	데이터 분석을 통해 추출한 의미와 가치를 시각적으로 표현하는 것

저장 기술 → 분석 기술 → 표현 기술

보고 자료 생성 및 시각화를 위해

표현 기술은 다음과 같이 데이터를 정리함

보기 좋게 ＋ 알아보기 쉽게

- R, tableau 등의 **시각화 구현 프로그램**을 통해 이루어짐
- 분석한 데이터를 처리하는 마지막 단계에서 **정리, 보고 등의 목적을 위해** 시행됨

▲ 빅데이터 환경의 특징

구분	빅데이터 이전 기존 데이터	빅데이터

데이터 유형	• 정형화된 문자, 수치 데이터 중심	• 정형, 반정형, 비정형 데이터를 모두 포함
		  - 문자 데이터(SNS, 검색어)
		  - 영상 데이터(CCTV, 동영상)
		  - 위치 데이터

관련 기술	• 관계형 데이터베이스(RDBMS) • SAS, SPSS와 같은 통계 패키지 • 데이터 마이닝 • 기계 학습	• 저장 기술 : 하둡(Hadoop), NoSQL • 분석 기술 : 텍스트 마이닝, 오피니언 마이닝, 소셜 네트워크 분석, 군집 분석 • 표현 기술 : 시각화(R, 태블로 등)
저장 장치	• 데이터베이스, 데이터 웨어하우스와 같은 고가의 저장 장치	• 비용이 저렴한 클라우드 컴퓨팅 장비 활용이 가능

02 통계적 해석 및 업무적용

1 빅데이터 분석 도구와 활용

▲ 빅데이터 분석 도구

▶ 정의

빅데이터 분석 도구	• 빅데이터의 처리를 목적으로 하는 소프트웨어 • 구체화된 업무에 적용되는 통계분석, 시각화, 구조분석, 기타 특성 분석을 위한 솔루션

▶ 구분

구분	내용
데이터 관리	• 분산 병렬 컴퓨팅 시스템 • 스토리지 관리 • 데이터 통합 SQL과 같은 인프라 소프트웨어 시스템
데이터 분석	• 데이터 자체를 대상으로 하는 검색 • 마이닝 • 통계 분석 • 시각화 솔루션
애플리케이션	• 구체화된 산업 또는 활동 영역에 적용되는 프로그램 소프트웨어

▲ 빅데이터의 분석과 활용

빅데이터 유형	빅데이터 분석	빅데이터 활용
정형 데이터 • 고객 데이터 • 상품 판매 데이터 **비정형 데이터** • SNS 활동 기록 • 영상 정보 • 위치 정보	**정형 데이터** • 데이터 마이닝 • 회귀분석 **비정형 데이터** • 텍스트 마이닝 • SNS 분석	시장예측 니즈 발견 리스크 경감 평판 개선 신제품 전략 마케팅 전략

03 데이터 시각화 기술

1 데이터 시각화의 사용

▲ 데이터 시각화

▶ 정의

데이터 시각화	데이터 분석 결과를 쉽게 이해할 수 있도록 시각적으로 표현하고 전달하는 과정

❖ 한스 로슬링(Hans Rosling) 교수의 그래픽 애니메이션

 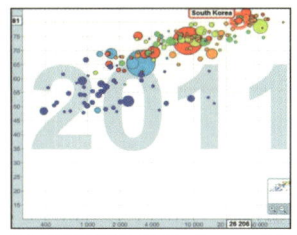

출처 : 국가별 기대수명과 GDP(http://www.gapminder.org/world)

도구

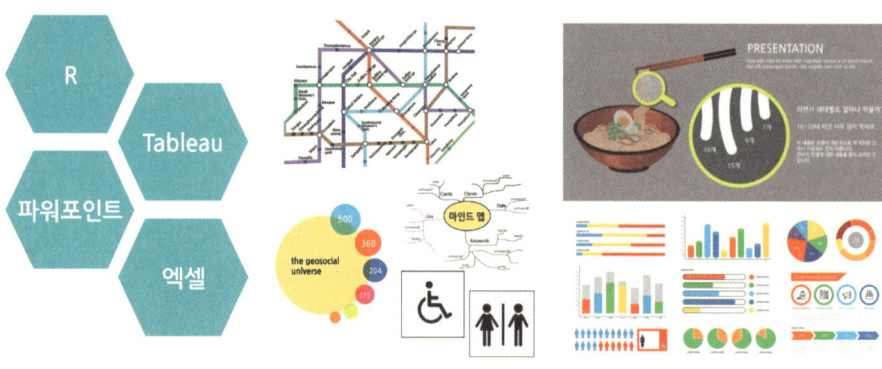

R과 시각화

강력한 분석 및 시각화 도구

그래프 및 인포그래픽 작성 기능을 지원

구글맵스를 이용한 맵핑과 워드클라우드 작성 가능

다양한 그래픽 생성 가능

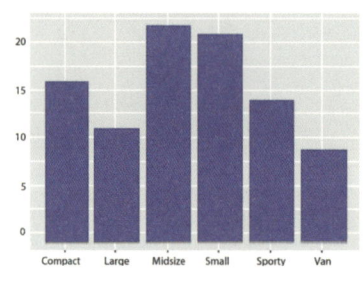
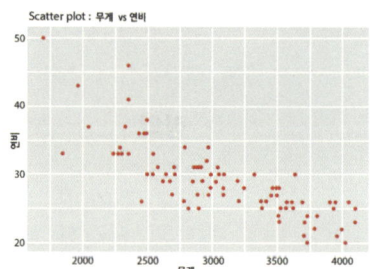
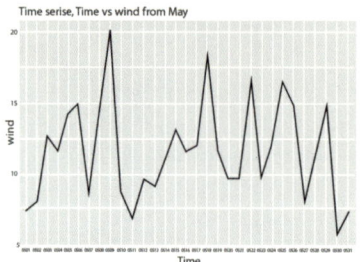
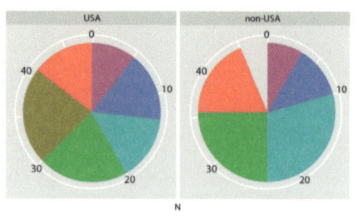

2 데이터 시각화 자료 수집

국내 데이터 자료 수집
◆ 정부3.0 공공데이터포털

국민의 손으로 직접 선정한 국가 중점개방 데이터 36대 분야를 대용량 데이터로 개방함.

정부3.0 홈페이지

〈출처 : https://www.data.go.kr, 2016.07〉

국내 데이터 자료 수집
◆ 경기데이터드림

지도 기반으로 우리 지역 관련 공공데이터를 손쉽게 찾으실 수 있고, 멀티미디어 데이터부터 도내 타기관 서비스까지 다양한 데이터를 제공함.

경기데이터드림 홈페이지

〈출처 : http://data.gg.go.kr/, 2016.07〉

국내 데이터 자료 수집
◆ TourAPI

국문 뿐만 아니라 영문, 일문, 중문간체, 중문번체, 독일어, 프랑스어, 스페인어, 러시아어 등 국내 유일의 다국어 관광정보를 제공함.

TourAPI 홈페이지

〈출처 : http://api.visitkorea.or.kr/, 2016.07〉

국내 데이터 자료 수집
◆ 농림축산식품 공공데이터 포털

농림축산식품부에서 제공하는 분석데이터를 그리드 형태, 엑셀, 한글, txt문서 등의 파일 다운로드 형태, 링크 형태, 오픈API, 원시데이터의 형태로 제공함.

농림축산식품 공공데이터 포털 홈페이지

〈출처 : http://data.mafra.go.kr/, 2016.07〉

공공정보 활용 서비스
미국 공공데이터 포털

정부부처 및 공공기관이 참여하는 'Open Government Initiative'를 만들고 시민 참여와 민관 협력을 증진시키는 것이 목표.

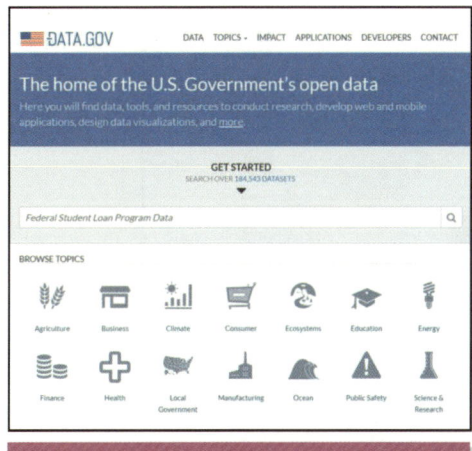

미국 공공데이터 포털 홈페이지

〈출처 : https://www.data.gov, 2016.07〉

공공정보 활용 서비스
유럽연합 공공 포털

유럽연합은 2011년 12월 경제성장 및 사회현안 해결, 과학기술 선도, 행정의 투명성과 효율성 향상 등을 목적으로 EU기구와 27개 회원국 공공기관의 모든 공공데이터의 온라인 개방을 의무화함.

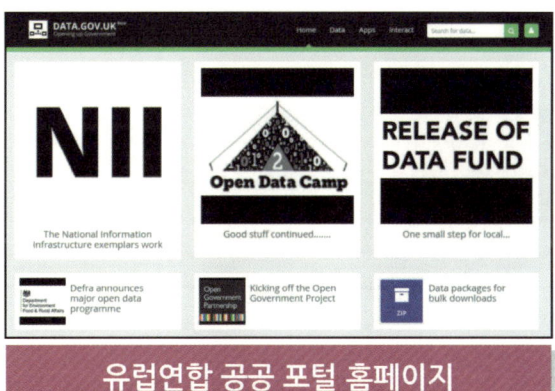

유럽연합 공공 포털 홈페이지

〈출처 : https://data.gov.uk, 2016.07〉

공공정보 활용 서비스
◆ 미국 통계국

공공기관, 기업들이 협력하여 시각화 및 정보제공을 위해 만들어진 사이트로 Data/Data visualization을 선택하면 데이터 시각화 자료를 볼 수 있음.

미국 통계국 홈페이지

〈출처 : http://www.census.gov/library/, 2016.07〉

공공정보 활용 서비스
◆ 호주 통계청

통계가 어떻게 생산되는지 학습할 수 있도록 동영상으로 제공함.

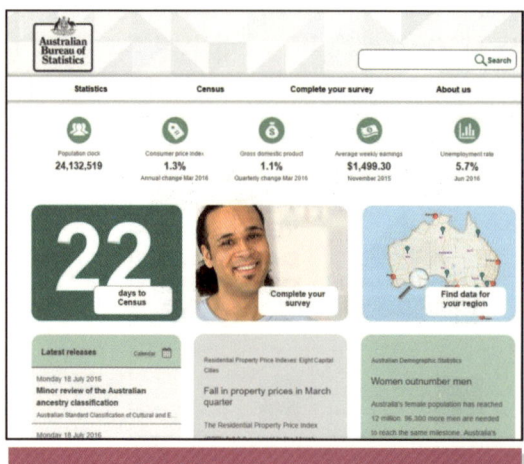

호주 통계청 홈페이지

〈출처 : http://www.abs.gov.au, 2016.07〉

3 데이터 시각화에 도움이 되는 사이트

Vega-Lite

Vega-Lite는 대화형 그래픽 페이지를 만들 수 있으며 JSON 구문을 제공하여 데이터 분석 및 프레젠테이션을 위한 다양한 시각화를 생성함.

JSON을 이용한 데이터 시각화

〈출처 : https://vega.github.io/vega/examples/〉

D3.js

자바스크립트 라이브러리를 이용하여 데이터를 시각화하며 오픈 소스를 제공하여 응용할 수 있음.

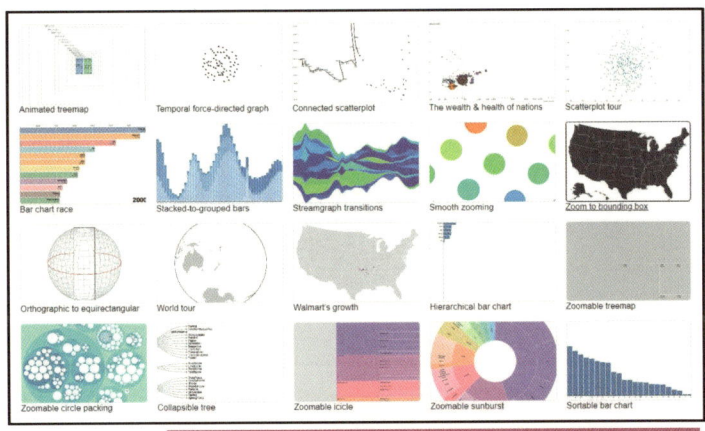

D3.js 데이터 시각화

〈출처 : https://d3js.org〉

PART 10 상관 분석과 회귀 분석

01 상관 분석

1 상관 분석의 개념

▲ 상관분석과 상관관계

▶ 정의

상관분석	두 변수 간에 관계가 있는지를 알아보고자 할 때 실시하는 분석방법
상관관계	두 변수(대상)이 서로 관련성이 있다고 추측되는 관계

➡ 한 쪽이 증가하면 다른 쪽도 증가(혹은 감소)하는 경향이 있을 때, '상관관계가 있다'라고 함

▲ 상관계수

▶ 정의

상관계수	• 상관분석에서 두 변수의 관련된 정도를 나타내주는 값 • 표기법 : 알파벳 'r'

상관계수를 의미하는 영문 'Correlation'에서 비롯됨

변수들 간의 상관도가 높아질수록 ➡ 상관계수 r값이 커짐

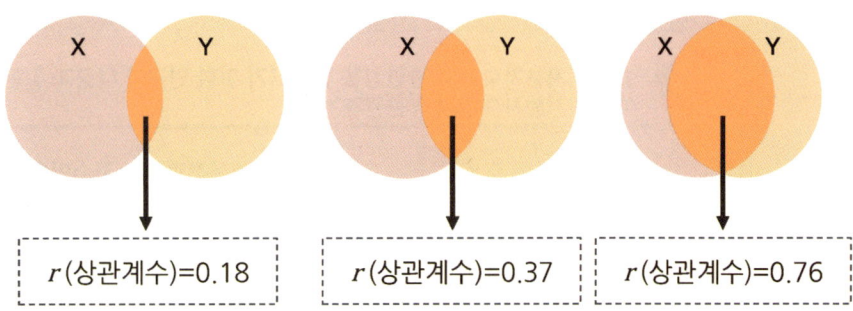

2 상관 분석의 특징

🔺 연구 문제 예시

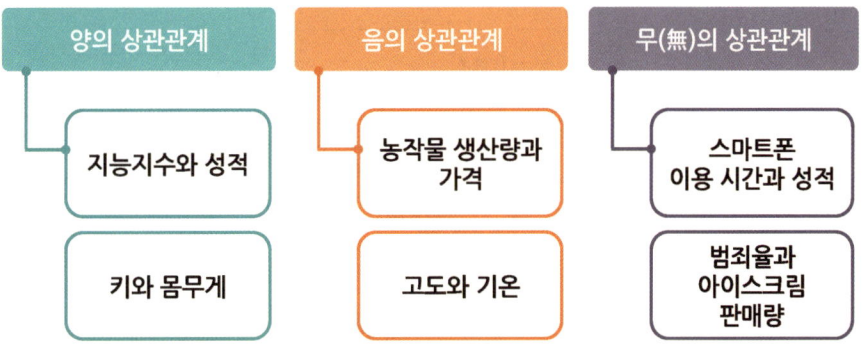

🔺 상관계수의 값

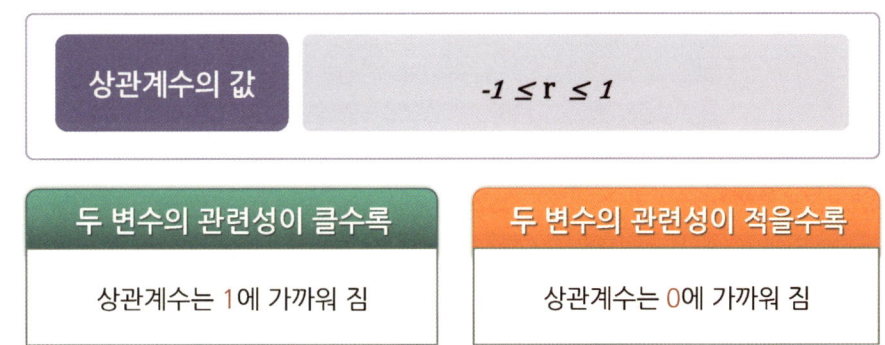

▲ 상관관계의 예 - 성적과 지능지수

❓ 성적과 지능지수와의 관련성을 알아보기 위한 연구가 다음과 같은 경우, 성적과 지능지수와의 상관관계는?

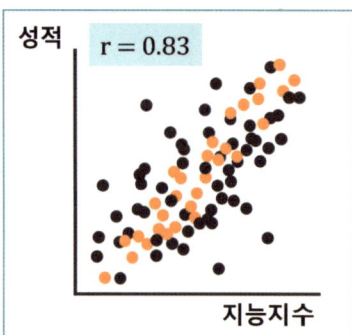

➡ 성적과 지능지수와의 관련성을 알아보기 위한 연구에서 0.83이라는 상관계수가 나옴
➡ 산점도는 왼쪽과 같음
➡ 상관계수가 '0.83'으로 성적과 지능지수는 상관관계가 높다고 할 수 있음

▲ 상관관계의 예 - 스마트폰 이용 시간과 성적

❓ 스마트폰 이용 시간과 성적과의 관련성을 알아보기 위한 연구가 다음과 같은 경우, 스마트폰 이용 시간과 성적과의 상관관계는?

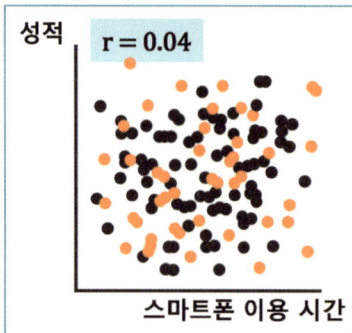

➡ 스마트폰 이용 시간과 성적과의 관련성을 알아보기 위한 연구에서 0.04라는 상관계수가 나옴
➡ 산점도는 왼쪽과 같음
➡ 상관계수는 '0.04'로 성적과 스마트폰 이용 시간과는 상관관계가 거의 없다는 사실을 알 수 있음

▲ 상관계수와 상관관계

> 상관계수는 $-1 \leq r \leq 1$ 의 범위로 표기됨

> 상관계수는 양수(+) 혹은 음수(-)의 형태를 가짐

**변수의 관련성에 따라
양의 상관, 음의 상관, 무(無)상관의 형태를 띰**

상관계수는 -1 ≤ r ≤ 1 의 범위로 표기됨

상관계수는 양수(+) 혹은 음수(-)의 형태를 가짐

변수의 관련성에 따라
양의 상관, 음의 상관, 무(無)상관의 형태를 띔

하나의 변수가 커질수록 다른 변수도 함께 커지는 경우

상관계수는 -1 ≤ r ≤ 1 의 범위로 표기됨

상관계수는 양수(+) 혹은 음수(-)의 형태를 가짐

변수의 관련성에 따라
양의 상관, **음의 상관**, 무(無)상관의 형태를 띔

하나의 변수가 커질수록 다른 변수는 오히려 작아지는 경우

상관계수는 -1 ≤ r ≤ 1 의 범위로 표기됨

상관계수는 양수(+) 혹은 음수(-)의 형태를 가짐

변수의 관련성에 따라
양의 상관, 음의 상관, **무(無)상관**의 형태를 띔

변수끼리 서로 상관이 없는 경우

⊙ 양의 상관관계

| 양의
상관관계 | 한 쪽이 증가하면 다른 쪽도 증가하는 관계 |

Ex "일반적으로, 키가 크면 몸무게가 많이 나간다."

⊙ 양의 상관관계 상관도

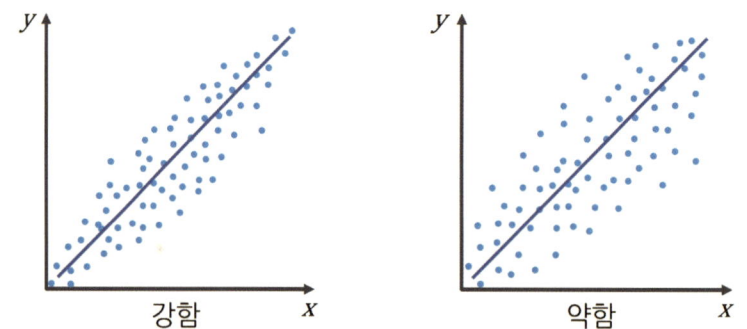

⊙ 음의 상관관계

| 음의
상관관계 | 한 쪽이 증가하면, 다른 쪽은 감소하는 관계 |

Ex "농작물의 생산량이 늘어나면, 가격이 떨어진다."

⊙ 음의 상관관계 상관도

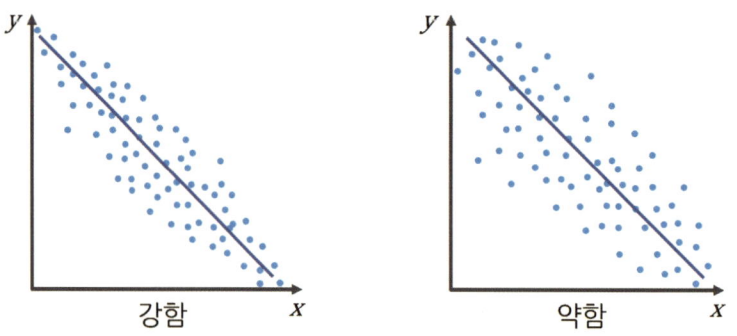

▶ 무(無)의 상관관계

| 무(無)의 상관관계 | 변수간의 아무런 연관성이 없는 관계 |

Ex 범죄율과 아이스크림 판매량

▶ 무(無)의 상관관계 관계도

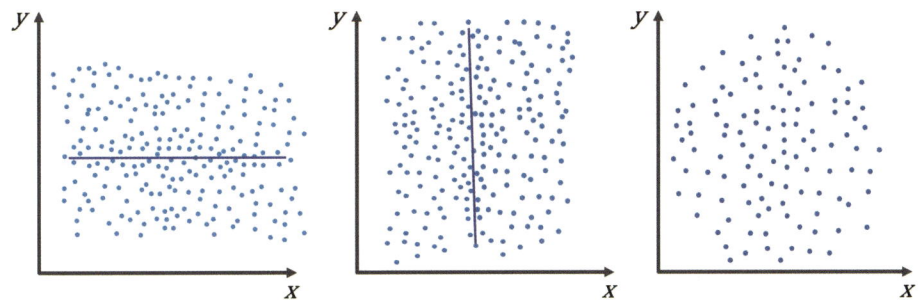

상관계수의 해석

▶ 상관계수의 해석(Rea & Parker, 2005)

구분	해석
0.0 ~ 0.1	거의 관계없음
0.1 ~ 0.2	약한 양의 상관관계
0.2 ~ 0.4	보통의 양의 상관관계
0.4 ~ 0.6	비교적 강한 양의 상관관계
0.6 ~ 0.8	강한 양의 상관관계
0.8 ~ 1.0	매우 강한 양의 상관관계

3 R을 이용한 상관 분석

R로 하는 상관분석 실습

1 Rstudio를 작동시킴

```
install.packages("corrplot")
library(corrplot)
```

2 상관분석 그래프를 구현하기 위해 "corrplot"와 "lattice"패키지를 설치함

▶ 명령어

```
install.packages("corrplot")
library(corrplot)
install.packages("lattice")
library(lattice)
```

3 상관분석을 위한 데이터셋 'mtcars'를 불러들임

▶ 명령어

```
install.packages("corrplot")
library(corrplot)
a=mtcars
a
```

1974년 미국 모터 트렌드 매거진에 실린 32개 자동차에 대해 연료 효율을 비롯한 10여 가지의 특징

4 변수 중 gear와 carb의 상관계수를 산출함

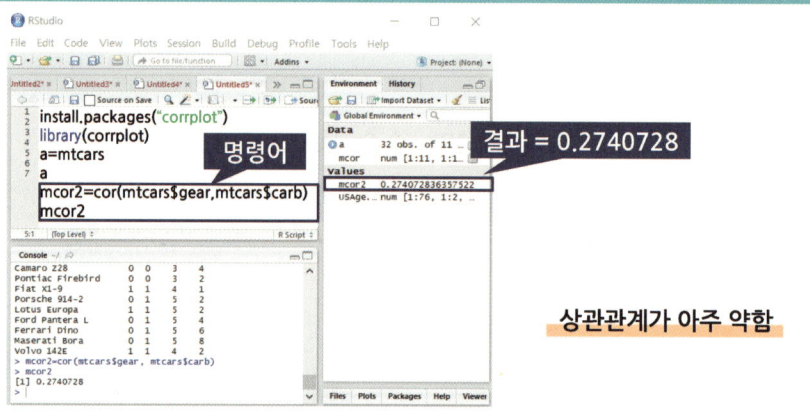

명령어

결과 = 0.2740728

상관관계가 아주 약함

5 상관정도를 눈으로 쉽게 파악하기 위한 산점도 그리기

▶ 명령어

```
install.packages("corrplot")
library(corrplot)
install.packages("lattice")
library(lattice)
a=mtcars
a
mcor2=cor(mtcars$gear,mtcars$carb)
mcor2
xyplot(gear~carb, data=mtcars)
```

▶ 결과

6 다른 명령어를 사용한 산점도와 회귀선

명령어

```
install.packages("corrplot")
library(corrplot)
install.packages("lattice")
library(lattice)
a=mtcars
a
mcor2=cor(mtcars$gear,mtcars$carb)
mcor2
xyplot(gear~carb, data=mtcars)
lm=plot(mtcars$gear, mtcars$carb)
abline(lm(mtcars$gear~mtcars$carb))
```

결과

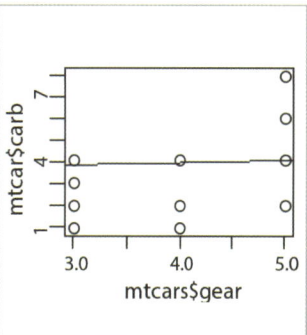

7 mtcars 데이터 전체 상관분석

명령어

```
> mcor=cor(mtcars)
```

결과

```
> mcor
           mpg        cyl       disp         hp       drat         wt       qsec         vs         am       gear       carb
mpg   1.0000000 -0.8521620 -0.8475514 -0.7761684  0.6811719 -0.8676594  0.4186840  0.6640389  0.5998324  0.4802848 -0.5509251
cyl  -0.8521620  1.0000000  0.9020329  0.8324475 -0.6999381  0.7824958 -0.5912421 -0.8108118 -0.5226070 -0.4926866  0.5269883
disp -0.8475514  0.9020329  1.0000000  0.7909486 -0.7102139  0.8879799 -0.4336979 -0.7104159 -0.5912270 -0.5555692  0.3949769
hp   -0.7761684  0.8324475  0.7909486  1.0000000 -0.4487591  0.6587479 -0.7082234 -0.7230967 -0.2432043 -0.1257043  0.7498125
drat  0.6811719 -0.6999381 -0.7102139 -0.4487591  1.0000000 -0.7124406  0.09120476  0.4402785  0.71271113  0.6996101 -0.09078980
wt   -0.8676594  0.7824958  0.8879799  0.6587479 -0.7124406  1.0000000 -0.1747159 -0.5549157 -0.6924953 -0.5832870  0.4276059
qsec  0.4156840 -0.5912421 -0.4336979 -0.7082234  0.09120476 -0.1747159  1.0000000  0.7445354 -0.22986086 -0.2126822 -0.65627923
vs    0.6640389 -0.8108118 -0.7104159 -0.7230967  0.4402785 -0.5549157  0.7445354  1.0000000  0.16834512  0.2060233 -0.56960714
am    0.5998324 -0.5226070 -0.5912270 -0.2432043  0.71271113 -0.6924953 -0.22986086  0.1683451  1.0000000  0.7940588  0.05753435
gear  0.4802848 -0.4926866 -0.5555692 -0.1257043  0.6996101 -0.5832870 -0.21268223  0.2060233  0.79405876  1.0000000  0.27407284
carb -0.5509251  0.5269883  0.3949769  0.7498125 -0.09078980  0.4276059 -0.65624923 -0.5696071  0.05753435  0.2740728  1.00000000
>
```

8 상관계수 소수점 둘째 자리까지 정리

명령어

```
library(corrplot)
install.pacakages("lattice")
library(lattice)
a=mtcars
a
mcor2=cor(mtcars$carb, mtcars$gear)
mcor2
xyplot(gear~carb, data=mtcars)
abline(lm(mtcars$gear~mtcars$carb))

mcor=cor(mtcars)
mocr
round(mcor,2)
```

▶ 결과

```
       mpg   cy1   disp    hp   drat    wt  qsec
mpg   1.00  -0.85 -0.85 -0.78  0.68 -0.87  0.42
cy1  -0.85  1.00  0.90  0.83 -0.71  0.78 -0.59
disp -0.85  0.90  1.00  0.79 -0.71  0.89 -0.43
hp   -0.78  0.83  0.79  1.00 -0.45  0.66 -0.71
drat  0.68 -0.70 -0.71 -0.45  1.00 -0.71  0.09
wt   -0.87  0.78  0.89  0.66 -0.71  1.00 -0.17
qsec  0.42 -0.59 -0.43 -0.71  0.09 -0.17  1.00
vs    0.66 -0.81 -0.71 -0.72 -0.44 -0.55  0.74
am    0.60 -0.52 -0.59 -0.24  0.71 -0.69 -0.23
gear  0.48 -0.49 -0.56 -0.13  0.70 -0.58 -0.21
carb -0.55  0.53  0.39  0.75 -0.09  0.43 -0.66
        vs    am  gear  carb
mpg   0.66  0.60  0.48 -0.55
cy1  -0.81 -0.52 -0.49  0.53
disp -0.71 -0.59 -0.56  0.39
hp   -0.72 -0.24 -0.13  0.75
drat  0.44  0.71  0.70 -0.09
wt   -0.55 -0.69 -0.58  0.43
qsec  0.74 -0.23 -0.21 -0.66
vs    1.00  0.17  0.21 -0.57
am    0.17  1.00  0.79  0.06
gear  0.21  0.79  1.00  0.27
carb -0.57  0.06  0.27  1.00
```

9 상관계수를 도표로 나타냄

▶ 명령어

```
library(corrplot)
install.pacakages("lattice")
library(lattice)
a=mtcars
a
mcor2=cor(mtcars$carb, mtcars$gear)
mcor2
xyplot(gear~carb, data=mtcars)
abline(lm(mtcars$gear~mtcars$carb))

mcor=cor(mtcars)
mocr
round(mcor,2)
corrplot(mcor)
```

▶ 결과

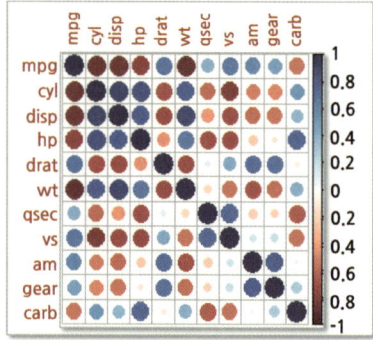

10 다른 명령어를 사용해 도표를 그려봄

▶ 명령어

```
library(corrplot)
install.pacakages("lattice")
library(lattice)
a=mtcars
a
mcor2=cor(mtcars$carb, mtcars$gear)
mcor2
xyplot(gear~carb, data=mtcars)
abline(lm(mtcars$gear~mtcars$carb))

mcor=cor(mtcars)
mocr
round(mcor,2)
corrplot(mcor)
plot(mtcars)
```

▶ 결과

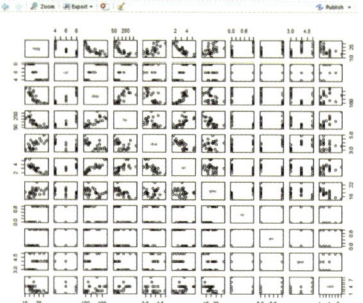

그 외에도 "ggplot2" 패키지를 이용하여 "qplot"명령어를 사용하면
다음과 같은 산점도를 그릴 수 있음

데이터기반으로 기하학적 객체들(점, 선, 막대 등)에 미적 특성(색상, 모양, 크기)를 매핑하여 적용 하는 시각화 패키지

▶ 명령어

> install.packages("ggplot2")
  library(ggplot2)
  qplot(gear, carb, data=mtcars)

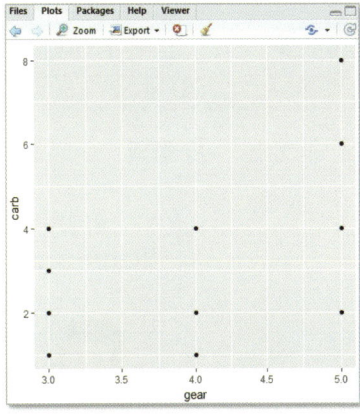

gear, carb 외에도 다른 변수들 간의 상관관계를 보면
음의 상관이나 더 강한 상관관계를 확인해 볼 수 있음

Ex wt와 mpg와의 상관관계

▶ 명령어

> cor(mtcars$wt, mtcars$mpg)
  qplot(wt, mpg, data=mtcars,
  color=factor(carb))

▶ 결과

> -0.8676594

강한 음의 상관관계

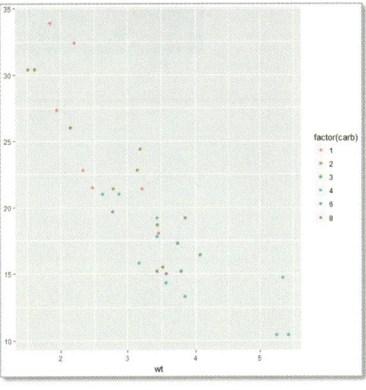

02. 회귀 분석

1. 회귀 분석의 개념

▲ 회귀

▶ 정의

| 회귀 (Regression) | 한 바퀴 돌아 제자리로 돌아오거나 돌아감 |

프랜시스 갤턴
(Francis Galton, 1822~1911)

> 19세기 영국의 우생학자

> 부모의 키가 큰 자식들의 키가 점점 더 커지지 않고 **다시 평균 키로 회귀하는 경향을 발견함**

➡ 이를 통계학에서는 **'평균으로의 회귀'**라고 하며 회귀분석의 **'회귀'**란 용어는 여기서 파생됨

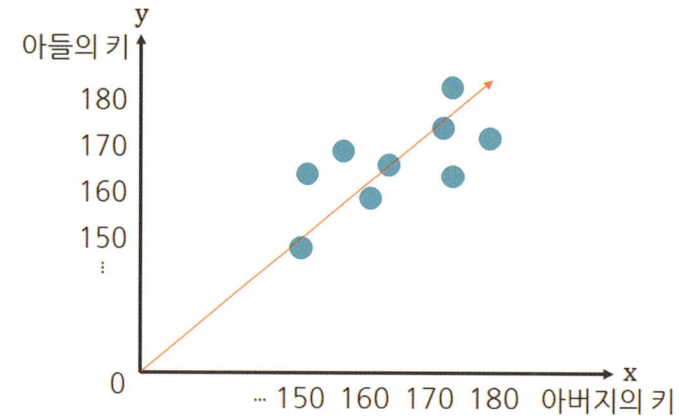

▲ 회귀분석

▶ 정의

| 회귀분석 | • **독립변수가 종속변수에 영향을 미치는지** 확인하기 위해 실시하는 분석 방법
• 독립 변수와 종속변수 사이에 **인과관계**가 존재할 때, 그 관계의 정도를 분석하고 통계적 유의성을 검증하는 것 |

독립변수와 종속변수

독립변수	종속변수
• 실험 또는 연구에서 자극을 주는 변수(=원인변수) • 어떤 것의 원인이 되는 변수이며 종속변수에 영향을 미침	• 자극에 대한 반응이나 결과를 나타내는 변수 (=반응변수, 결과변수) • 독립변수의 영향을 받아 변함

회귀분석 4단계

1. 선형회귀식 도출
- 최소제곱법
- 회귀선

2. 회귀식의 설명력
- 피어슨 상관계수
- 회귀선의 기울기
- 결정계수 R^2
- 수정된 R^2

3. 회귀분석에 대한 가정

4. 선형회귀분석과의 비교
- T 검정
- F 검정

최소제곱법

정의

최소제곱법	• 관측점들과 회귀선간의 수직 거리(잔차)를 제곱하여 각각 더한 값 • 각각의 관측값들에서 추정된 직선까지의 거리 제곱합이 최소가 되도록 회귀계수를 구하는 것

회귀선

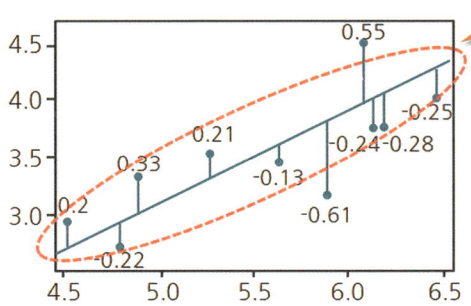

회귀선
• 흩어진 데이터 점들에 가장 적합한 선

$$y = a + bx$$

- y : 종속변수
- a : 절편(x =0 때의 값)
- b : 기울기(y 변화량/x 변화량)
- x : 독립변수

다음을 이용하여 도출된 회귀선이 변수간 관계를
얼마나 잘 설명하는지 평가됨

| 회귀선 | 데이터와의 적합도 수준 |

이 때, 설명력의 지표로는 **피어슨 상관계수,
회귀선의 기울기, 결정계수(R^2), 수정된 R^2**이 사용됨

피어슨 상관계수
상관계수의 절대값이
1에 가까울수록 회귀식을 구성하는
변수가 강한 선형관계를 갖는다는 것을
의미함

회귀선의 기울기
두 변수 간의
선형적 관련성을 나타냄

결정계수(R^2)
종속변수의 분산 가운데
회귀식에 의해 설명되는 비율

수정된 R^2
동일한 모집단으로부터 수집된
다른 표본의 데이터를 현재의
회귀식으로 설명할 수 있는 정도

➡ 추정된 회귀선이 관측값들을 얼마나 잘
설명하고 있는지를 나타내는 척도

▶ 회귀식의 유의성 검정

	귀무가설	
	F통계량	T통계량
H_0	• 회귀식이 포함된 독립변수의 회귀계수는 모두 0이다. • 종속변수와 독립변수 간 선형관계가 없다. • 모집단 회귀계수는 0이다. • 모집단 결정계수는 0이다.	• 회귀식이 포함된 독립변수의 회귀계수는 0이다. • 종속변수와 독립변수 간 선형관계가 없다

 회귀방정식

▶ 연구 문제 예시

```
지능지수가 성적에 영향을 미치는가?
```

```
게임시간이 성적에 영향을 미치는가?
```

```
직원의 응대, 매장 인테리어, 브랜드 인지도가 고객만족도에 영향을 미치는가?
```

| 회귀방정식 | 회귀분석에서 독립변수가 종속변수에 미치는 영향에 대해 나타내는 것 |

$$Y = a + bX + \varepsilon$$

- Y : 종속변수
- a : 절편(x=0 때의 값)
- b : 기울기(회귀계수)
- x : 독립변수
- ε : X와 y의 관계로 설명이 안되는 값들

▶ 관련 예시

 지능이 성적에 미치는 영향이 있는가?

다음과 같은 회귀식 도출

$$Y(성적) = a + bX(지능) \times 3$$

➡ **지능이 1 증가할** 때 마다, **성적이 평균적으로 3씩 증가하게 됨**

회귀계수

회귀계수는 **변수의 관련성**에 따라 **양수(+)** 혹은 **음수(-)**의 형태를 띔

하나의 변수가 커질수록 다른 변수도 그에 따라 함께 커지는 경우	하나의 변수가 커질수록 다른 변수는 오히려 점점 작아지는 경우
양수(+)	음수(-)
독립변수가 증가함에 따라 종속변수도 증가하는 관계	독립변수가 증가함에 따라 종속변수는 감소하는 관계
Ex 지능지수가 성적에 미치는 영향	Ex 게임 시간이 성적에 미치는 영향

회귀분석의 구분

구분요인		분석방법
독립변수의 수	1개	단순 회귀분석
	2개 이상	다중 회귀분석
독립변수의 척도	명목/서열 척도	더미변수 회귀분석
	등간/비율 척도	일반 회귀분석
독립변수와 종속변수의 관계	선형	선형 회귀분석
	비선형(연속적)	비선형 회귀분석

▶ 성적과 지능지수의 예

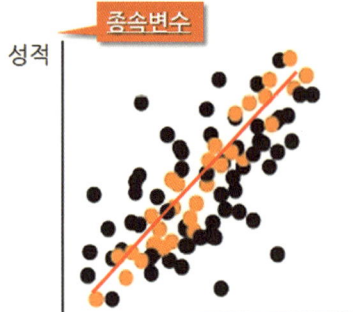

$$Y(성적) = a + bX(지능)$$

➡ 지능지수가 성적에 미치는 영향에 대한 회귀계수 b=3 이라함
➡ 지능지수는 성적에 정적인 영향(+)을 줌
➡ 지능지수가 증가할수록 성적이 증가하는 것을 볼 수 있음

게임 시간과 성적의 예

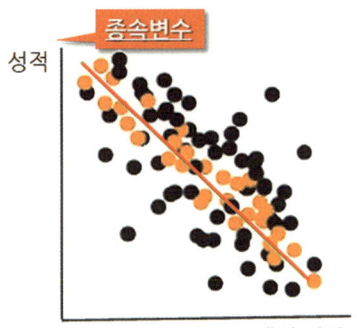

$Y(성적) = a + bX(지능)$

➡ 게임시간이 성적에 미치는 영향에 대한 회귀계수 b=-1 이라고 함
➡ 게임지수는 성적에 부적인 영향(-)을 줌
➡ 게임지수가 증가할수록 성적이 감소하는 것을 볼 수 있음

다중회귀분석

특징

둘 이상의 독립변수가 종속변수에 미치는 영향에 대해 나타내는 경우 사용함

회귀식: $Y = a + b_1X_1 + b_2X_2 + ... + b_nX_n + \varepsilon$

- Y : 종속변수
- 1~n : 독립변수

➡ 직원의 응대 회귀계수 b_1 = 12.3
➡ 매장 인테리어 회귀계수 b_2 = 3
➡ 브랜드 인지도 회귀계수 b_3 = 2

각 독립변수의 회귀계수는 **각각의 변수가 독립적으로 고객만족도(종속변수)에 영향을 주는 크기**를 의미함

회귀분석과 상관분석

구분요인	회귀분석	상관분석
차이점	변수 간의 인과관계를 검증	변수 간의 관계 여부를 검증하는 분석법
공통점	변수간의 관계성을 검증	

2 R을 이용한 회귀 분석

R로 하는 회귀분석 실습

근무년수가 연봉에 영향을 미치는가?

1 데이터 입력

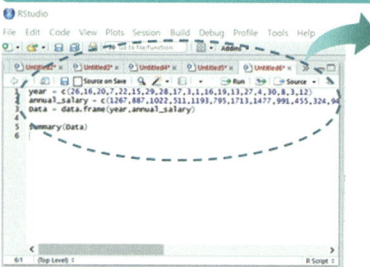

```
year= c(26,16,20,7,22,15,29,28,17,3,1,
16,19,13,27,4,30,8,3,12)
annual_salary=c(1267,887,1022,511,
1193,795,1713,1477,991,455,324,944,
1232,808,1296,486,1516,565,299,830)
Data = data.frame(year,annual_salary)

summary(Data)
```

2 상관계수 추출

▶ **상관계수 = 0.98**
근무년수와 연봉은 강한 상관관계에 있으며, 수치가 1에 가까우므로, 선형성이 있다고 볼 수 있음

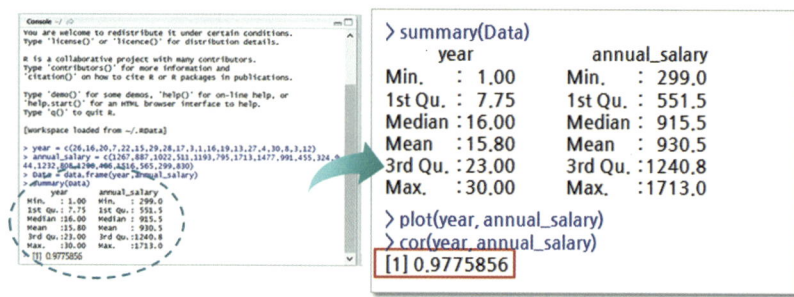

3 회귀분석 실시

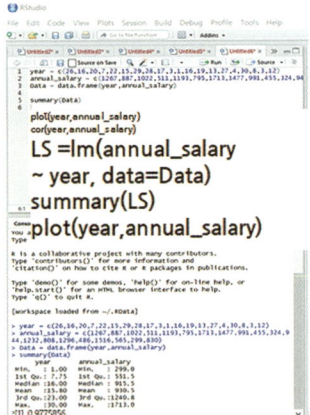
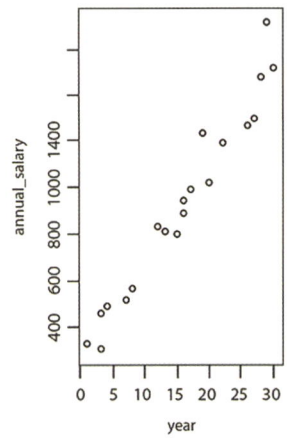

① 회귀식
   y = 252.37485 + 42.92248x
② 총변동 중 회귀직선에 의해 95.57%가 설명됨
③ 유의수준 0.001에서 귀무가설을 기각함
④ 수정된 결정계수

```
Residual:
    Min      1Q  Median      3Q     Max
-115.282 -59.636  -3.018  37.011 215.873

Coefficients:
            Estimate Std. Error t Value Pr(>|t|)
(Intercept) ❶ 252.375   39.766   6.346 5.59e-06 ***
year           42.922    2.179  19.700 1.25e-13 ***
---
signif. coeds:  0 '***' 0.001 '**' 0.01 '*' 0.05 '.' 0.1 ' ' 1

Residual standard error: 89.02 on 18 degrees of freedom
❷ Multiple R-squared: 0.9557,   ❹ Adjusted R-squared: 0.9532
❸ F-statistic: 388.1 on 1 and 18 DF,  ❸ p-value: 1.25e-13
```

유의성 검정 결과

➡ 회귀계수가 0이 아님
➡ 매우 유의하다고 판단됨
➡ '근무연수는 연봉에 영향을 미친다'고 볼 수 있음

```
Residual:
    Min      1Q  Median      3Q     Max
-115.282 -59.636  -3.018  37.011 215.873

Coefficients:
            Estimate Std. Error t Value Pr(>|t|)
(Intercept)  252.375   39.766   6.346 5.59e-06 ***
year          42.922    2.179  19.700 1.25e-13 ***
---
signif. coeds:  0 '***' 0.001 '**' 0.01 '*' 0.05 '.' 0.1 ' ' 1

Residual standard error: 89.02 on 18 degrees of freedom
Multiple R-squared: 0.9557,    Adjusted R-squared: 0.9532
F-statistic: 388.1 on 1 and 18 DF,   p-value: 1.25e-13
```

PART 11 분산 분석과 주성분 분석

01 분산 분석

1 분산 분석의 개념

개요

t검정	→	F 분포에 근거하여 검정
두 집단 간 속성에 대한 평균 차이를 검증하는 방법으로 사용	비효율성을 줄이기 위해	집단간 변화량과 집단내 변화량을 비교하는 방법으로 사용

※ 비효율성
 - 3개 이상 모집단을 비교할 때, 두 독립집단끼리 비교하는 t 검정을 세 번 시행

분산분석을 발전시킨 로널드 피셔
(Ronald A. Fisher, 1890~1962)

F 분포에 근거하여 검정

집단간 변화량과 집단내 변화량을 비교하는 방법으로 사용

오늘날 세 집단 이상의 차이 비교 시 널리 사용되고 있음

분산 분석

정의

| 분산 분석 [ANOVA(Analysis Of Variance)] | 두 개 이상 집단들의 평균을 비교하는 통계분석 기법 |

두 개 이상 집단들의 평균 간 차이에 대한 **통계적 유의성**을 검증하는 방법

관측자료가 몇 개의 그룹으로 구분된 경우
그룹 평균 간 차이를 그룹 내 변동에 비교하여 살펴보는 데이터 분석 방법

분산 분석을 사용하는 이유

집단들의 평균 차이 비교

그러므로

집단 평균 차이 비교에 **분산분석**을 사용

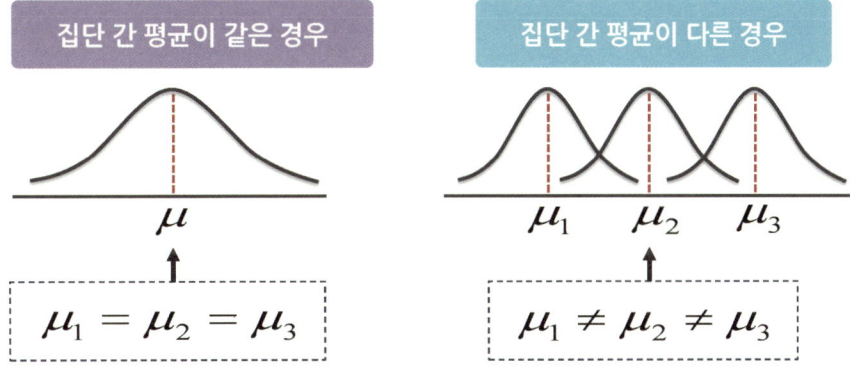

2. 분산 분석의 특성

▲ 분산분석의 기본 가정

정규성	각 집단에 해당되는 모집단의 분포가 정규분포임
분산동일성	각 집단에 해당되는 모집단의 분산은 모두 동일함
독립성	표본은 각 모집단에서 독립적으로(무작위로) 추출됨

▲ F통계량(F-value)

F 통계량 (F-value)	집단간 분산과 집단내 분산의 비

계산식	$F = \dfrac{\text{집단간 분산}}{\text{집단내 분산}}$

- 집단간 분산이 클수록, 집단내 분산이 작을수록 집단평균이 다를 가능성 증가
- 두 종류의 분산이 갖는 값의 상대적 크기에 의해 집단 간 평균의 동일성 여부가 결정됨

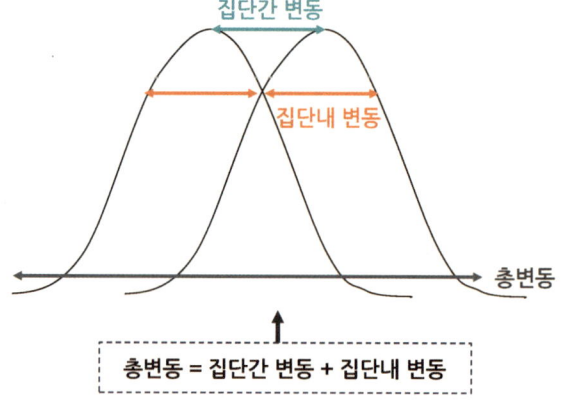

총변동 = 집단간 변동 + 집단내 변동

분산 분석의 구분

분석 방법	특징
일원(배치)분산분석 (one way ANOVA)	▪ 요인(집단을 구분하는 독립변수)이 하나인 경우 ▪ 모집단의 수에 제한이 없음 ▪ 각 표본의 수가 같지 않아도 됨
이원(배치)분산분석 (two way ANOVA)	▪ 요인(집단을 구분하는 독립변수)이 둘인 경우 ▪ 요인이 2개 이상인 경우, 요인이 결과에 미치는 영향을 알아보기 위한 주효과와 상호작용 효과를 살펴볼 수 있음
다원배치 분산분석 (multiple way ANOVA)	▪ 독립변수가 둘 이상인 경우를 총칭

분산 분석의 가설 설정

구분	H_0(귀무가설)	H_1(대립가설)
일원분산분석	$\mu_1 = \mu_2 = \mu_3$ (모집단평균은 모두 동일함)	적어도 두 개의 평균들 간에는 차이가 있음
이원분산분석	$\mu_1 = \mu_2 = \mu_3 = \cdots \mu_n$ (모집단평균은 모두 동일함)	적어도 두 개의 평균들 간에는 차이가 있음

연구 문제 예시

- 세대 간에 패스트푸드에 대한 선호도의 차이가 있는가?
- 사용 이동통신사에 따른 모바일 뱅킹 이용횟수 수준 차이가 있는가?
- 세대 및 성별에 따른 패스트푸드 선호도의 차이가 있는가?
- 사용 이동통신사 및 성별에 따른 모바일 뱅킹 이용횟수 수준 차이가 있는가?

▶ **요인 구분 : 일원분산분석-독립변수가 한 개인 경우**

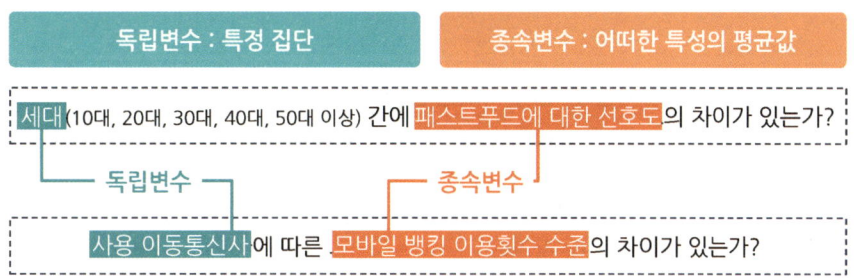

◉ 요인 구분 : 이원분산분석-집단을 구분하는 독립변수가 두 개인 경우

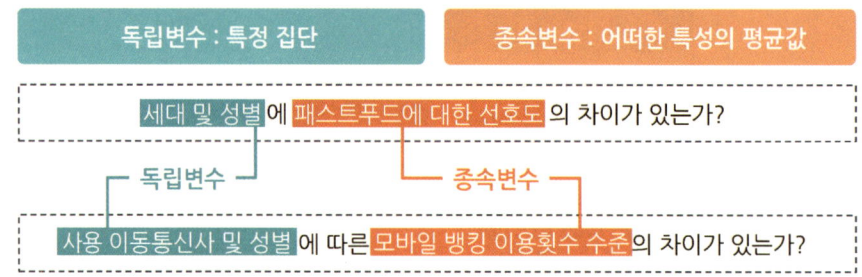

◉ 요인 구분 : 이원분산분석

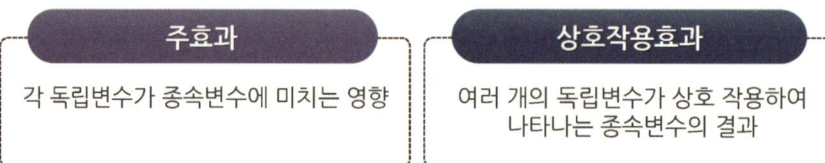

3 R을 이용한 분산 분석

▲ R로 하는 분산 분석 실습

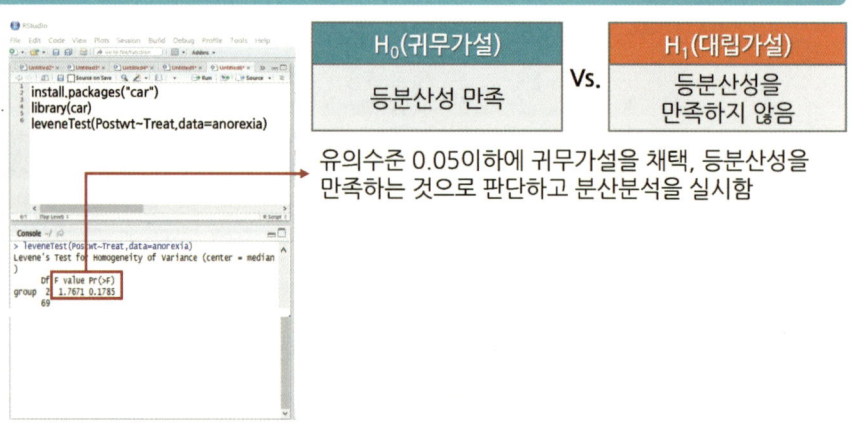

◉ 거식증 환자의 치료방법에 따른 몸무게의 변화가 있는가

1 데이터 입력(R제공 anorexia 데이터 사용)

```
data(anorexia,package="MASS")
annorexia
```

2 분산분석의 시행

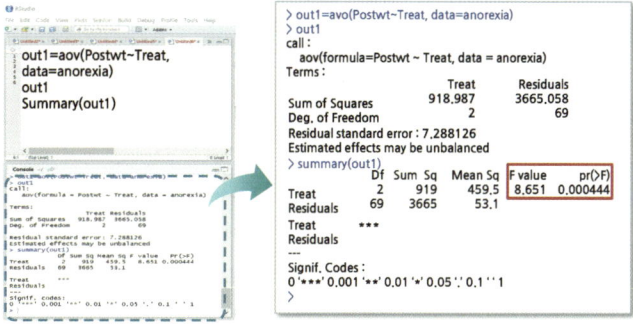

- P값이 0.05보다 작으므로, 귀무가설을 기각
- 각 집단의 평균은 같지 않음
- 거식증 치료 방법 별로 몸무게가 같지 않음

3 anova함수를 사용해 분산분석을 실시해 봄

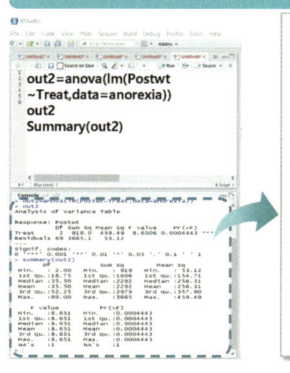 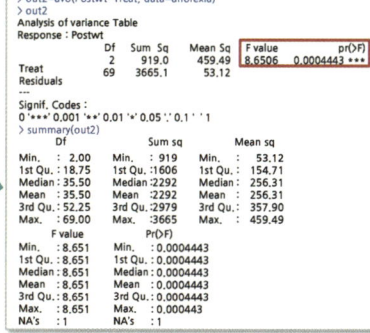

- P값이 0.05보다 작으므로, 귀무가설을 기각
- 각 집단의 평균은 같지 않음
- 거식증 치료 방법 별로 몸무게가 같지 않음

4 oneway함수를 사용해 분산분석을 실시해 봄

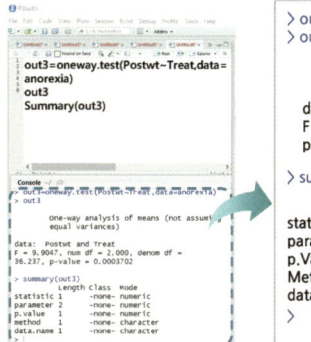 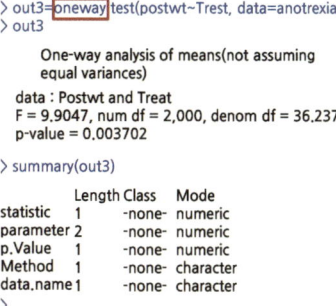

- **Oneway 함수는** 기본적으로 등분산을 가정하지 않음
- 등분성이 확실시 되면 "var.equal=TREU"라는 옵션을 주면

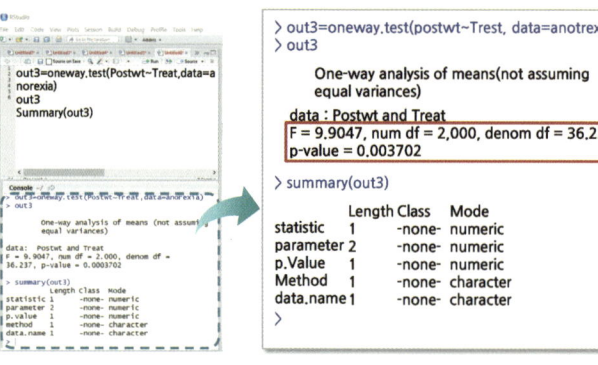

- 수치는 약간 다르게 나왔지만 결과는 마찬가지로 P값이 0.05보다 작으므로, 귀무가설을 기각
- 각 집단의 평균은 같지 않음

02 주성분 분석

1 주성분 분석의 개념

 주성분 분석

▶ 정의

| 주성분분석 | 해당 데이터의 원래 변수들을 선형변환을 통해 '주성분'이라 불리는, 서로 상관되어 있지 않거나 독립적인 새로운 인공 변수를 구하여 해석하는 분석 방법 |

▶ 다변량 자료

| 다변량 자료 | 둘 이상의 서로 상관관계에 있는 변수들을 포함하고 있는 자료 |

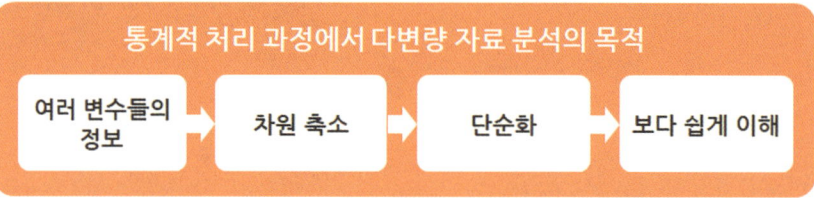

▶ 특징

▲ 차원

▶ 수학의 영역에서 차원의 의미

| 차원 (Dimension) | 공간 내에 있는 점 등의 위치를 나타내기 위해 필요한 축의 개수 |

💡 데이터 분석의 측면에서, '**차원 = 변수의 수**' 로 이해하면 쉬움

 Ex 키, 몸무게, 머리 크기의 3개 변수가 있다고 할 때, 변수들의 데이터를 그래프로 표현하기 위한 축의 개수가 공간의 차원이므로 '**차원 = 축의 개수 = 변수의 수**'가 됨

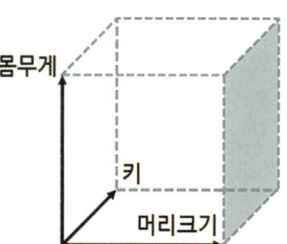

▲ 차원의 저주

▶ 차원 축소와 주성분 분석이 필요한 이유

| 차원의 저주 | 변수의 수가 늘어나, 차원이 커지면서 발생하는 문제 |

변수의 증가 ▶ 차원의 증가 ▶ 과적합 발생

차지해야 하는 데이터 공간과, 이를 채우기 위한 데이터 건수 증가

| 차원의 저주 | 변수의 수가 늘어나, 차원이 커지면서 발생하는 문제 |

| 변수의 증가 | | 차원의 증가 | | 과적합 발생 |

차지해야 하는 데이터 공간과,
이를 채우기 위한 데이터
건수 증가

| 차원의 저주 | 변수의 수가 늘어나, 차원이 커지면서 발생하는 문제 |

| 변수의 증가 | | 차원의 증가 | | 과적합 발생 |

- 너무 과하게 설명한 나머지
  → 실제 변수들 간의 관계를 잘못 설명하게 되는 경우

차원의 저주로 복잡함 발생

복잡함(과적합 등) 탈피와
시각화의 용이를 위해

상관 있는 변수들끼리의 정보 단순화

차원 축소(= 차원의 수를 줄이는 것 = 변수의 수 줄이기) 시행

이를 위해 모든 변수를 조합하여
해당 데이터를 잘 설명할 수 있는
중요성분을 가진 새로운 변수를 추출하는 것

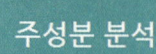

주성분 분석

차원 축소(= 차원의 수를 줄이는 것 = 변수의 수 줄이기) 시행

선형변환

▶ 정의

| 선형변환 | • 여러 변수들 $X = (x_1, x_2, x_3, ..., x_p)$ 을 다음과 같이 가중결합 시킨 형태
• P차원의 정보를 선형적 개념에서 1차원으로 축소하는 것 |

계산식 $y = a_1x_1 + a_2x_2 + a_3x_3 + ... + a_px_p$

- y = 변환된 값
- a = 가중계수
- x = 변수값

▶ 관련 예시

? 국어(x_1), 영어(x_2), 수학(x_3), 과학(x_4), 사회(x_5)의 5개 과목에 대해 10명의 학생이 시험을 봤을 경우 평균 점수로 살펴 본 등수는?

방법1 5개 과목 = 5개의 변수 = 5개의 차원
➡ 5개 과목을 일일이 비교하여 순위를 파악하는 것은 번거로움

방법2 5차원의 변수들을 선형변환을 통해 일차원의 변수로 요약
➡ 평균 사용 = $(x_1 + x_2 + x_3 + x_4 + x_5)/5$
➡ 이 때 y = 구해진 평균값,
   a = 1/5
   (예시의 경우 5개 차원의 변수에 모두 동일한 가중계수 사용)

주성분 분석 4단계

1. **데이터 특성 파악** — 상관분석을 통한 변수간 상관관계 파악
2. **가중계수 추출** — 공분산 행렬에 대한 고유값분해 이용
3. **차원 축소** — 상관계수 및 상관행렬
4. **보유 주성분 개수 판정** — 전체변이에 대한 공헌도, 고유값 크기

2. 주성분 분석의 예시와 활용

▲ 주성분 분석의 방법

주성분 분석의 문제점 ➡ **측정 단위에 따라 분산이 크게 달라짐**

표준화 하는 경우
- 측정 단위가 다른 경우
- 상관행렬로부터 시작하는 주성분 분석

Ex
- 자료의 단위가 다른 경우
  - 변수 중 하나는 cm, 다른 하나는 kg인 경우
- 측정 단위의 차이가 많이 나는 경우
  - 한 변수는 1자릿수, 다른 변수는 3자릿수인 경우

표준화 하지 않는 경우
- 자료의 단위가 동일한 경우
- 분산공분산 행렬로부터 시작하는 주성분 분석

➡ 변수의 단위 그대로, 변동 그대로를 사용하기 때문에 데이터와 모집단의 특성을 잘 드러낼 수 있음

▲ 주성분 분석의 예시

▶ 성별과 연령에 따른 상품의 고객 만족에 대한 주성분 분석

변수	x_1 (가격)	x_2 (성능)	x_3 (편리성)	x_4 (디자인)	x_5 (색상)	성별	연령
	1	2	4	1	1	F	10대
	1	2	3	2	1	F	10대
	2	5	5	2	2	F	20대
	2	5	5	2	2	F	20대
	1	2	3	4	3	F	30대
	1	3	4	1	1	M	30대
	4	5	5	3	3	M	40대
	1	3	4	4	4	M	40대
	3	3	5	5	4	M	50대
	5	5	5	4	4	M	50대

변수값
- 1='매우 불만족'
- 2='불만족'
- 3='보통'
- 4='만족'
- 5='불만족'

➡ 변수들의 변수값 단위가 동일하므로 표준화가 필요 없음 (상관행렬에서 시작하는 주성분 분석 사용)

📊 피어슨 상관 계수, 상관 행렬

	x_1 (가격)	x_2 (성능)	x_3 (편리성)	x_4 (디자인)	x_5 (색상)
x_1(가격)	1.0	0.7078	0.7171	0.4496	0.5739
		0.022	0.0196	0.1924	0.0828
x_2(성능)	0.778	1.0	0.8473	0.0587	0.291
	0.022		0.002	0.8721	0.4148
x_3(편리성)	0.7171	0.8472	1.0	0.1544	0.3725
	0.0196	0.002		0.6702	0.2896
x_4(디자인)	0.4496	0.0587	0.1544	1.0	0.9389
	0.1924	0.8721	0.6702		-0.0001
x_5(색상)	0.5739	0.2909	0.3722	0.9389	1.0
	0.0828	0.4148	0.2896	0.0001	

- 변수 x_1 (가격)은 모든 다른 변수들과 양의 상관관계를 가짐
- 변수 x_3 (편리성)은 x_1(가격), x_2(성능)과는 큰 상관을 가지나, x_4, x_5와 작은 상관을 가짐

	고유값	공분산행렬	x_1	x_2	x_3	x_4	x_5	총분산
1	5.0821	x_1(가격)	2.1	1.38	0.85	0.91	1.05	
2	2.4581	x_2(성능)	1.39	1.83	0.94	0.11	0.5	
3	0.4441	x_3(편리성)	0.85	0.94	0.67	0.17	0.38	8.178
4	0.1419	x_4(디자인)	0.91	0.11	0.17	1.95	0.16	
5	0.0513	x_5(색상)	1.05	0.55	0.38	1.66	1.61	

- 공분산행렬을 통해 얻어진 고유값의 합은 8.178로 총 분산의 양과 같음
- 첫 2개의 고유값은 5.082, 2.458로 이는 각각 전체 변이의
  62.2%(5.082/8.178)과 30.1%(2.458/8.178)를 차지함
  - 첫 2개의 주성분이 전체의 92.3%를 설명할 수 있다는 것을 의미함

고유 벡터는 공분산 행렬을 통해 계산됨　　**고유 벡터를 통해 주성분점수가 산출됨**

고유벡터	성분1	성분2	성분3	성분4	성분5
x_1	0.5737	0.2555	-.7734	-.4658	-.073
x_2	0.4101	0.2814	0.5099	-.0423	0.1287
x_3	0.26	0.2859	0.2230	0.8779	0.1732
x_4	0.4523	-.6017	0.08	-.0861	0.6476
x_5	0.4799	-.3906	0.2924	0.0542	-.7270

전반적인 만족도를 나타냄

고유벡터	성분1	성분2	성분3	성분4	성분5
x_1	0.5737	0.2555	-.7734	-.4658	-.073
x_2	0.4101	0.2814	0.5099	-.0423	0.1287
x_3	0.26	0.2859	0.2230	0.8779	0.1732
x_4	0.4523	-.6017	0.08	-.0861	0.6476
x_5	0.4799	-.3906	0.2924	0.0542	-.7270

```
0.5737×가격+0.4101×성능+0.26 × 편리성+0.4523 × 디자인+0.4799×색상
```

고유벡터	성분1	성분2	성분3	성분4	성분5
x_1	0.5737	0.2555	-.7734	-.4658	-.073
x_2	0.4101	0.2814	0.5099	-.0423	0.1287
x_3	0.26	0.2859	0.2230	0.8779	0.1732
x_4	0.4523	-.6017	0.08	-.0861	0.6476
x_5	0.4799	-.3906	0.2924	0.0542	-.7270

제품의 내형적 요인(가격×성능×편리성 등)과 외형적 요인(디자인×색상 등)의 차이를 나타냄

0.2555×가격+0.2814×성능+0.2859×편리성+(-0.602)×디자인+(-0.391)×색상

3 R을 이용한 주성분 분석

▲ R로 하는 주성분분석

⊙ 과목별 시험 성적에 대한 주성분분석

1 데이터를 입력

```
> x1=c(26,46,57,36,57,26,58,37,36,56,78,95,88,90,52,56)
> x2=c(35,74,73,73,62,22,67,34,22,42,65,88,90,85,46,66)
> x3=c(35,76,38,69,25,25,87,79,36,26,22,36,58,36,25,44)
> x4=c(45,89,54,55,33,45,67,89,47,36,40,56,68,45,37,56)
>
> score=cbind(x1,x2,x3,x4)
> colnames(score)=c("국어","영어","수학","과학")
> rownames(score)=1:16
> head(score)
     국어 영어 수학 과학
  1   26   35   35   45
  2   46   74   76   89
  3   57   73   38   54
  4   36   73   69   55
  5   57   62   25   33
  6   26   22   25   45
>
```

2 'prcomp'함수를 사용하여 주성분 고유 벡터값을 출력

```
> result=prcomp(score)
> result(score)
> result
Standard deviations:
[1] 30.122748  27.052808  9.076140  6.152386

Rotation:
           PC1         PC2          PC3         PC4
국어  0.6093268  -0.39286407  -0.6126773  -0.3146508
영어  0.7185749  -0.09337973   0.6200124   0.3008572
수학  0.2624323   0.73573272   0.1052861  -0.6154198
과학  0.2085672   0.54372366  -0.4786711   0.6570680
>
```

3 'summary'함수를 이용해 각 성분별 요약 결과치를 출력

```
> summary(result)
Importance of components:
                          PC1      PC2      PC3      PC4
Standard deviation     30.1227  27.0528  9.07614  6.15239
Proportion of Variance  0.5157   0.4159  0.04682  0.02151
Cumulative Proportion   0.5157   0.9317  0.97849  1.00000
```

➡ 누적기여율(성분 개수 누적 설명기여율)에 따라 2개의 주성분이 93%이상의 설명률을 보이므로 2개 주성분으로 결정

➡ 보통 누적기여율이 80% 이상 되는 지점의 성분 수를 주성분 수로 결정

4 출력된 요약 결과치에 의한 주성분 함수

```
> result
Standard deviations:
[1] 30.122748  27.052808  9.076140  6.152386

Rotation:
           PC1          PC2         PC3         PC4
국어    0.6093268   -0.39286407  -0.6126773  -0.3146508
영어    0.7185749   -0.09337973   0.6200124   0.3008572
수학    0.2624323    0.73573272   0.1052861  -0.6154198
과학    0.2085672    0.54372366  -0.4786711   0.6570680
>
```

주성분1
0.61×국어+0.72×영어+0.26×수학+0.21×과학
• 국어와 영어 등 문과 성향 과목의 성적을 의미함

```
> result
Standard deviations:
[1] 30.122748  27.052808  9.076140  6.152386

Rotation:
           PC1          PC2         PC3         PC4
국어    0.6093268   -0.39286407  -0.6126773  -0.3146508
영어    0.7185749   -0.09337973   0.6200124   0.3008572
수학    0.2624323    0.73573272   0.1052861  -0.6154198
과학    0.2085672    0.54372366  -0.4786711   0.6570680
>
```

주성분2
-0.39×국어-0.09×영어+0.74×수학+0.54×과학
• 수학과 과학 등 이과 성향 과목의 성적을 의미함

알통 [R을 활용하여 배우는 통계 기반 데이터 분석]

12 PART 로지스틱 회귀분석

01 분류

▲ 분류 모델

▶ 정의

| 분류 모델 | • 특정 기준(정답)에 의해 분석 대상을 **특정 개수의 집단으로 분류하는 예측 모형**
• 학습된 모델을 통해, 입력된 값을 미리 정해진 결과로 분류해주는 모델 |

▲ 데이터 셋의 분류

▶ 검증 데이터 셋을 이용한 분류 모델 성능 평가(교차 유효성 검사)

데이터를 분석자가 임의로 구분하므로 **적합하지 못한 분류를 할 수 있음**

가장 보편적인 비율

? 다음과 같이 A~F의 학습 데이터와 실제 DATA가 있다고 할 때, 가장 정확하고 예측력이 좋은 경우를 알아내는 방법은?

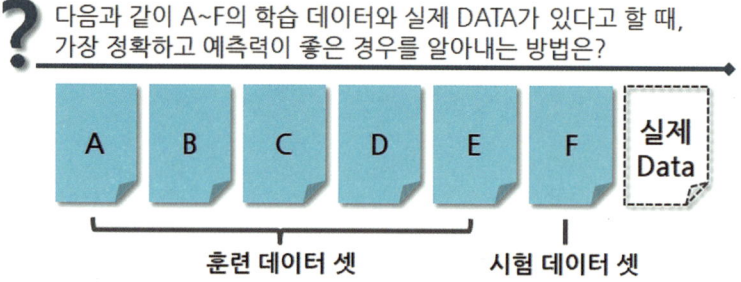

1. 분류 모델의 종류

다중 판별 분석

집단 간의 차이를 의미 있게 설명해 줄 수 있는 독립변수들을 찾아내고 이들의 선형결합으로 판별식을 만들어 내어 분류하고자 하는 대상들이 속하는 집단을 찾아내는 기법

로지스틱 회귀분석

독립변수의 선형결합을 이용해 사건의 발생가능성을 예측하는데 사용되는 기법

신경망 분석

수학적 모델로서 시스템이 상호 연결되어 네트워크를 형성할 때 이를 인간의 신경망처럼 분석하는 방법

사례기반 추론

과거의 사례를 상기하여 이를 추론에 이용하는 기법

의사결정 나무

의사결정 규칙을 도표화하여 관심대상이 되는 집단을 몇 개의 소집단으로 분류 하거나 예측을 수행하는 계량적 분석 기법

02 로지스틱 회귀분석

1 로지스틱 회귀분석의 개념

🔺 로지스틱 회귀분석

▶ 정의

| 로지스틱 회귀분석 | 분석하고자 하는 대상들이 두 집단 혹은 그 이상의 집단으로 나누어진 경우, 개별 관측치들이 어느 집단으로 분류될 수 있는가를 판단하는 분석 방법 |

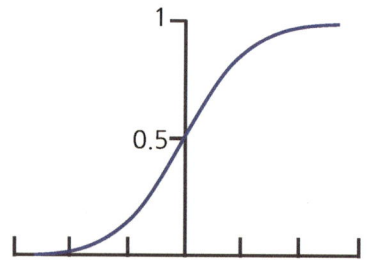

분석방법	종속변수(y)	독립변수(x)
회귀분석	연속형 자료	범주형 자료
로지스틱 회귀분석	범주형 자료	연속형 자료

※ 범주형(질적) 자료(이산형 변수) : 명목, 서열 척도
※ 연속형 자료(양적 변수) : 등간, 비율 척도

로지스틱 회귀분석은 종속변수에 범주형 데이터가 사용됨

➡ 이항형(범주가 두 개인 경우, Ex 맞다/틀리다) 종속변수인 경우를 지칭함

일종의 분류(Classification) 기법으로도 볼 수 있음

➡ 분석 결과, 데이터가 특정 분류로 나뉘기 때문임

▶ 종류(종속변수의 범주에 따른 구분)

분석방법	종속변수의 개수	예
이항형 로지스틱 회귀	2개	성공, 실패
다항형 로지스틱 회귀	3개 이상	맑음, 흐림, 비

⊙ 이항형 로지스틱 회귀분석

2개의 종속변수 카테고리는 0과 1로 표현됨

> **Ex** 정치에 대한 관심도가 선거 참여에 미치는 영향에 대한 분석
>
> - 정치에 대한 관심도(독립변수) : 연속형
> - 선거 참여(종속변수) : 범주형
>   - 선거에 참여했다.(1 : 참여)
>   - 선거에 참여하지 않았다.(0 : 불참)

로지스틱 회귀 모형

| 로지스틱 회귀 모형 | 독립변수가 [-∞,∞]의 어느 숫자이든 상관 없이, 종속변수 또는 결과 값이 항상 범위 [0,1] 사이에 있도록 하는 모형 |

➡ 오즈비(Odds Ratio)를 로짓(Logit) 변환함으로써 얻어 짐

| 계산식 | $g(x) = \dfrac{e^x}{1+e^x}$ |

⊙ 이항 로지스틱 회귀 모형

$$\ln\left(\frac{p}{1-p}\right) = \beta_0 + \beta_1 X_1 + \beta_2 X_2 + \ldots + \beta_n X_n$$

└ 오즈(Odds) : 오즈가 클수록 데이터가 해당 집단에 속할 확률이 높음

- p : 데이터 각각이 어떤 집단에 속할 확률
- 1-p : 해당 집단에 속하지 않을 확률

이항 로지스틱 회귀 모형의 로짓 변환

$$\log\left(\frac{p}{1-p}\right) = \beta_0 + \beta_1 X_1 + \beta_2 X_2 + \ldots + \beta_n X_n$$

로짓 변환 : 오즈(Odds)에 $\log$를 취하는 것

- 입력값(독립변수)의 범위가 [-∞, ∞]때, 출력값(종속변수)의 범위를 [0,1]로 변환시켜 줌

⬇

로지스틱 함수를 이용하여 로지스틱 회귀분석을 하게 되면, 독립변수 x 가 주어졌을 때, 종속변수의 범위가 [0,1]에 속하게 됨

이항 로지스틱 회귀 모형의 그래프

로지스틱 함수의 그래프

독립변수 x 가 주어졌을 때, 종속변수가 [0,1]의 범주에 속할 확률

$$\text{Logistic function} = \frac{e^{\beta \cdot x^i}}{1 + e^{\beta \cdot x^i}}$$

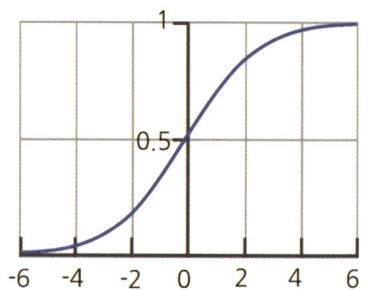

➡ 로지스틱 함수는 로짓 변환을 통해 생성됨

우도비 검정

| 우도비 검정 | • 최대 우도법을 사용한 검정 방법
• 회귀분석의 최소제곱법과 같이 회귀계수의 유의성
(= 모형의 적합도)을 검정하는데 사용되는 방법 |

회귀식 추정 방법	
선형 회귀분석	최소제곱법
로지스틱 회귀분석	최대우도법

| 우도 (↔ 확률) | 주어진 현상이 있을 때, 이 현상이 추출될 가능성을 가장 높게 하는 모수추정법 |

확률
모수로부터 특정 사건이 발생할 정도

우도
현상에 대해 추출될 가능성이 가장 높은 모수

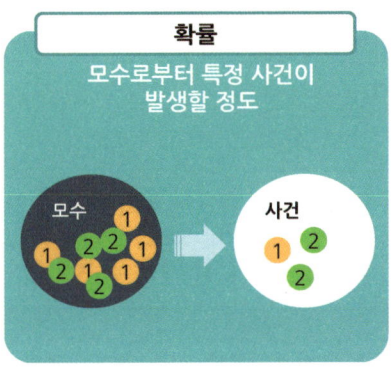

| 최대우도법 | 우도가 가장 높은(주어진 독립변수들로부터 종속변수를 가장 잘 예측하는) 회귀식을 추정하는 방법 |

| 우도비 검정 (Likelihood Ratio Test) | 두 개의 회귀 모형의 비를 계산해서, 두 모형의 우도가 유의한 차이를 보이는지 비교하는 검정방법 |

종속변수 → 우도A
- 모형A
- 독립변수1
- 독립변수2

종속변수 → 우도B
- 모형A
- 독립변수1
- 독립변수2
- 독립변수3

2. 로지스틱 회귀분석의 예시와 활용

로지스틱 회귀분석 4단계

1. 가설 설정 — H_0 vs H_1
2. 변수 범주화 — 0과 1로 이진값 주기
3. 모형 적합도 확인 — χ^2 우도비 검정
4. 로지스틱 가설검정 — 승산비(Odds), 유의확률

로지스틱 회귀분석의 사용

로지스틱 회귀분석은 독립변수와 이진값(0,1)형태의 종속변수로 구성됨

종속변수에는 오직 2개의 가능한 값만이 존재한다고 가정함
- '0' : 실패 혹은 없음을 의미
- '1' : 성공 또는 존재를 의미

로지스틱 회귀분석의 목적 독립변수와 종속변수의 관계를 찾음으로써, 새로운 독립변수의 집합이 주어졌을 때, 종속변수의 값을 예측할 수 있음

어떤 설명변수가 연구 결과에 영향을 미치는지 파악

특정 설명 변수값을 가진 경우, 연구 결과가 나타나게 될 확률 계산

독립변수들을 성격에 따라 특정 집단들로 분류

로지스틱 회귀 계수를 이용한 특정 설명(독립)변수의 승률비(Odds) 계산

	선형회귀분석	로지스틱 회귀분석
목적	연속형 결과 변수값 예측	비연속형 결과범주 예측
추정	최소제곱법	최대 우도법
계수 유의성검증	z 또는 t 검증	χ^2검증
변수 추가 기준과 검증	R^2변화량, F 검증	-2Ln 변화량 검증
모형 설명 비율 검증	F 검증	χ^2검증

로지스틱 회귀분석을 적용할 수 있는 사례

종속변수와 독립변수의 구분

운전면허필기 공부시간, 도로주행 시간, 도로주행 비용이 운전면허시험 합격 여부에 영향을 미치는가?

유권자의 연령, 성별, 거주지역, 학력이 투표 여부에 영향을 미치는가?

흡연 유무, 주량, 키, 비만 정도가 특정한 폐암 발병 여부에 영향을 미치는가?

운전면허필기 공부시간, 도로주행 시간, 도로주행 비용이
운전면허시험 합격 여부에 영향을 미치는가?

유권자의 연령, 성별, 거주지역, 학력이 투표 여부에 영향을 미치는가?

흡연 유무, 주량, 키, 비만 정도가 특정한 폐암 발병 여부에 영향을 미치는가?

■ 독립변수
■ 종속변수

로지스틱 회귀분석

운전면허필기 공부시간, 도로주행 시간, 도로주행 비용이
운전면허시험 합격 여부에 영향을 미치는가?

 가설 설정

H_0	운전면허필기 공부시간, 도로주행 시간, 도로주행 비용이 운전면허시험 합격 여부에 영향을 **미치지 않는다**. (회귀계수가 0일 것이다.)
H_1	운전면허필기 공부시간, 도로주행 시간, 도로주행 비용이 운전면허시험 합격 여부에 영향을 **미친다**.

운전면허필기 공부시간, 도로주행 시간, 도로주행 비용이
운전면허시험 합격 여부에 영향을 미치는가?

종속변수 범주화 (이진값 변환 - '0' : 불합격, '1' : 합격)

필기공부시간	도로주행시간	도로주행비용	운전면허시험 합격 여부
54	160	349000	0
53	158	367000	0
61	163	406000	1
...	...	...	...
51	150	413000	0
68	173	403000	1

운전면허필기 공부시간, 도로주행 시간, 도로주행 비용이
운전면허시험 합격 여부에 영향을 미치는가?

🛫 모형 적합도 검정

	자유도	카이제곱	유의확률
모형	2	12.166	.007

➡ 유의확률이 0.007이므로 귀무가설을 기각하고, 이 모델은 적합하다고 판정함

H_0	모형은 유의하지 않다.	H_0 기각인 경우 모형은 적합하다고 판단됨
H_1	모형은 유의하다.	-

운전면허필기 공부시간, 도로주행 시간, 도로주행 비용이
운전면허시험 합격 여부에 영향을 미치는가?

🛫 모형 적합도 검정

	B	S.E	자유도	유의확률	Exp(B)
필기공부시간	.053	.067	1	.43	1.055
도로주행시간	-.036	.07	1	.607	.965
도로주행비용	3.009	1.252	1	.016	20.266

➡ 세 독립변인 중에서 도로주행비용만 운전면허시험 합격 여부에 유의한
영향을 미침
(유의수준 0.05 기준으로 유의확률이 0.05 미만인 항목이기 때문)

운전면허필기 공부시간, 도로주행 시간, 도로주행 비용이
운전면허시험 합격 여부에 영향을 미치는가?

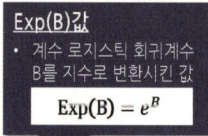

Exp(B)값
- 계수 로지스틱 회귀계수 B를 지수로 변환시킨 값
$$Exp(B) = e^B$$

🛫 모형 적합도 검정

	B	S.E	자유도	유의확률	Exp(B)
필기공부시간	.053	.067	1	.43	1.055
도로주행시간	-.036	.07	1	.607	.965
도로주행비용	3.009	1.252	1	.016	20.266

➡ 필기공부시간의 경우에 대한 Exp(B) 값 : $e^{.053}$ = 1.055
➡ 필기공부시간이 1증가할수록 운전면허시험에 합격할 확률이 1.055% 증가함

> 운전면허필기 공부시간, 도로주행 시간, 도로주행 비용이
> 운전면허시험 합격 여부에 영향을 미치는가?

Exp(B)값
- 계수 로지스틱 회귀계수 B를 지수로 변환시킨 값

$$Exp(B) = e^B$$

📊 모형 적합도 검정

	B	S.E	자유도	유의확률	Exp(B)
필기공부시간	.053	.067	1	.43	1.055
도로주행시간	-.036	.07	1	.607	.965
도로주행비용	3.009	1.252	1	.016	20.266

➡ 도로주행시간의 경우에 대한 Exp(B) 값 : $e^{-.036}$ = 0.965
➡ 도로주행시간이 1증가할수록 운전면허시험에 합격할 확률은 0.9배가 됨
  (유의미한 영향을 끼치지 못하는 변수임)

> 운전면허필기 공부시간, 도로주행 시간, 도로주행 비용이
> 운전면허시험 합격 여부에 영향을 미치는가?

Exp(B)값
- 계수 로지스틱 회귀계수 B를 지수로 변환시킨 값

$$Exp(B) = e^B$$

📊 모형 적합도 검정

	B	S.E	자유도	유의확률	Exp(B)
필기공부시간	.053	.067	1	.43	1.055
도로주행시간	-.036	.07	1	.607	.965
도로주행비용	3.009	1.252	1	.016	20.266

➡ 도로주행비용의 경우에 대한 Exp(B) 값 : $e^{3.009}$ = 20.3
➡ 도로주행비용이 1증가할수록 운전면허시험에 합격할 확률이 20.3% 증가함

> 운전면허필기 공부시간, 도로주행 시간, 도로주행 비용이
> 운전면허시험 합격 여부에 영향을 미치는가?

📊 결과 해석

	B	S.E	자유도	유의확률	Exp(B)
필기공부시간	.053	.067	1	.43	1.055
도로주행시간	-.036	.07	1	.607	.965
도로주행비용	3.009	1.252	1	.016	20.266

- 필기공부시간과 도로주행시간은 운전면허시험 합격여부에 유의미한 영향을 미치지 못함
- 도로주행비용은 세 가지 독립변수 중 유일하게 유의미한 유의확률을 보였음
  (1증가할 때 마다, 운전면허시험 합격 여부가 20.3% 높아진다고 해석할 수 있음)

3. R을 이용한 로지스틱 회귀분석

▲ R로 하는 로지스틱 회귀분석 실습

▶ 복약 종류와 횟수에 따른 반응여부("0'=반응없음, '1'=반응있음)

1 데이터를 입력함

```
> dose=c(1,1,2,2,3,3)
> response=c(0,1,0,1,0,1)
> count=c(7,3,5,5,2,8)
> toxic=data.frame(dose, response, count)
> toxic
  dose response count
1   1      1      0    7
2   1      1      1    3
3   2      2      0    5
4   2      2      1    5
5   3      3      0    2
6   3      3      1    8
```

2 'glm'함수를 이용하여 회귀분석을 실시함

```
> out=glm(response~dose, weights=count, family=binomial, data=toxic)
> summary(out)
call:
glm(formula = response ~ dose, family = binomial, data = toxic, weights = count)
Deviance Residuals:
     1       2       3       4       5       6
 -2.144   2.764  -2.787   2.482  -2.461   1.994
Coefficients:
             Estimate  Std. Error  z value  pr(>|z|)
(Intercept)   -2.0496    1.0888     -1.882    0.0598 .
dose           1.1051    0.5186      2.131    0.0331 *
---
Sigmif. codes:  0 '***' 0.001 '**' 0.01 '*' 0.05 '.' ' ' 1
(dispersion parameter for binomial family taken to be 1)
    Null deviance : 41.455  on 5 degrees of freedom
Residual deviance : 36.196  on 4 degrees of freedom
AIC : 40.196

Number of Fisher scoring iterations : 4
```

```
> out=glm(response~dose, weights=count, family=binomial, data=toxic)
> summary(out)
call:
glm(formula = response ~ dose, family = binomial, data = toxic, weights = count)
Deviance Residuals:
     1       2       3       4       5       6
 -2.144   2.764  -2.787   2.482  -2.461   1.994
Coefficients:
             Estimate  Std. Error  z value  pr(>|z|)
(Intercept)   -2.0496    1.0888     -1.882    0.0598 .
① dose         1.1051    0.5186      2.131  ② 0.0331 *
---
Sigmif. codes:  0 '***' 0.001 '**' 0.01 '*' 0.05 '.' ' ' 1
(dispersion parameter for binomial family taken to be 1)
    Null deviance : 41.455  on 5 degrees of freedom
Residual deviance : 36.196  on 4 degrees of freedom
AIC : 40.196

Number of Fisher scoring iterations : 4
```

① Dose의 로지스틱 회귀계수 B=1.1051이므로 Exp(B)=3.02, 즉, dose가 1 증가하면 반응성은 3.02배 증가한다고 볼 수 있음

② 유의확률이 0.03으로 0.05 미만이므로, 복약 종류(=dose)는 반응에 대해 유의성이 있다고 판단됨

3 모형에 대한 그래프를 그려, 시각적으로 분포를 확인해 봄

```
> plot(response~dose, data=toxic,
    type="n",
    main="Predicted Probability of Response")

> curve(predict(out, data.frame(dose=x),
    type="resp"), add=TRUE)
```

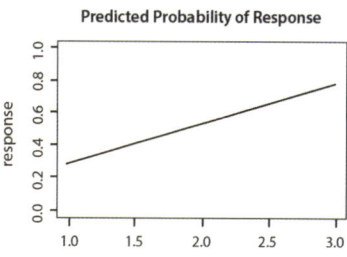

PART 13. 예측 분석

01. 예측

1. 예측 분석의 개념

▲ 예측분석

▶ 정의

예측분석	데이터 마이닝 기법 혹은 기존 데이터나 미래 상황에 대한 가정을 활용하여 고객이 반응을 보이는 제안이나 특정 제품을 구매할 확률 등의 활동 결과를 예측 하는 것

➡ 정형/비정형 데이터의 트렌드, 패턴 및 관계를 분석하고, 향후에 발생할 사건들을 예측하며 목표로 하는 결과를 달성하기 위한 의사 결정을 지원하는 종류의 분석

▲ 예측분석의 종류와 사용 분석 방법

사용 분석 방법	사용 예시
시계열 분석을 사용한 패턴 분석	수요, 물가, 주식지수 예측 등
회귀 분석을 이용한 영향 분석	만족도, 품질 진단 등
텍스트 마이닝을 활용한 비정형분석	SNS분석, 상품평 분석 등
의사결정나무 분석 방법을 활용한 예측분석	기업 부도, 환율 예측 등

인공신경망을 이용하여 미래 수요 예측

과거 데이터를 토대로 미래 수요 예측

▶ 시계열 분석을 사용한 패턴 분석

시간을 독립변수로, 과거에서부터 지금까지의 어느 특정 현상의 변화를 계량적으로 분석하고, 이를 통해 미래를 예측하는 분석 방법

⊙ 시계열 분석

📌 시계열 분석을 활용한 '지구온난화로 인한 지표면 온도 상승 예측'

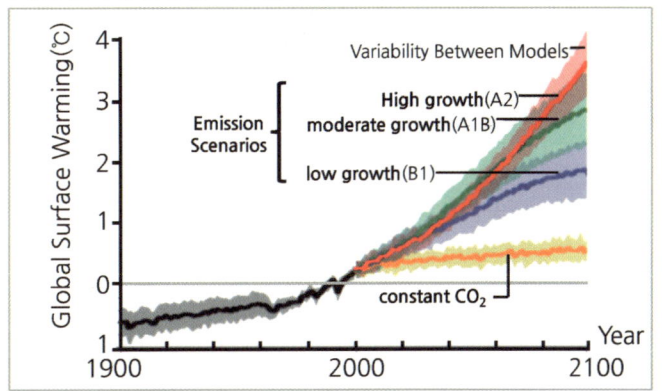

⊙ 회귀 분석을 통한 예측

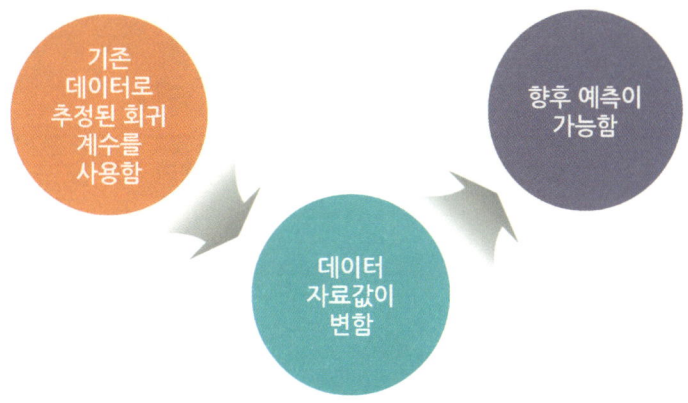

📌 회귀 분석을 통해 만들어진 기존 매출 데이터를 사용해 예측한 예상 매출 그래프

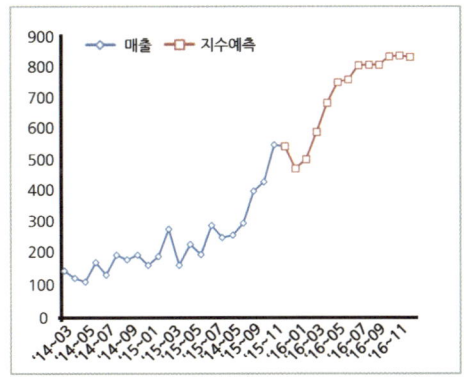

▶ 텍스트 마이닝을 이용한 비정형 데이터 분석

> 정형화되지 않은 문자 데이터에서 유의미한 정보를 찾아내어,
> 쓸모 있는 정보로 가공, 분석하는 것

SNS, 게시판, 블로그, 검색 키워드 등이 주로 분석 대상이 됨

분석 결과는 고객 반응 및 수요 예측 등의 측면에서 중요한 지표가 됨

📊 편의점 도시락 주요 연관어

	GS25 도시락	CU도시락	세븐일레븐 도시락
공통 연관어		양, 맛, 가격	구성, 제품, 반찬
비공통 연관어	다양하다, 나물, 잡곡밥	소스, 양념, 우삼겹, 재료	걸스데이, 인기, 사랑

"가격에 비해 다양한 메뉴를 즐길 수 있는 가성비 갑!" "재료부터 맛까지 신경 쓴 푸짐한 양의 가성비!" "걸스데이 혜리 효과로 좋아하는 도시락!"

| 워드클라우드 | 텍스트 마이닝을 통해 추출된 단어들의 집합 |

해당 단어의 빈도수가 높음

비중이 큰 순서대로 크기가 달라짐

⊙ 의사결정나무를 통한 예측분석

분류와 예측 모두에서 자주 사용되는 강력한 기법

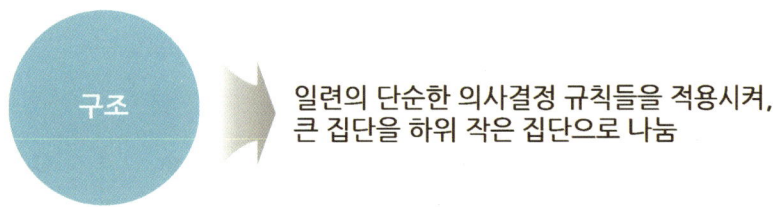

구조 → 일련의 단순한 의사결정 규칙들을 적용시켜, 큰 집단을 하위 작은 집단으로 나눔

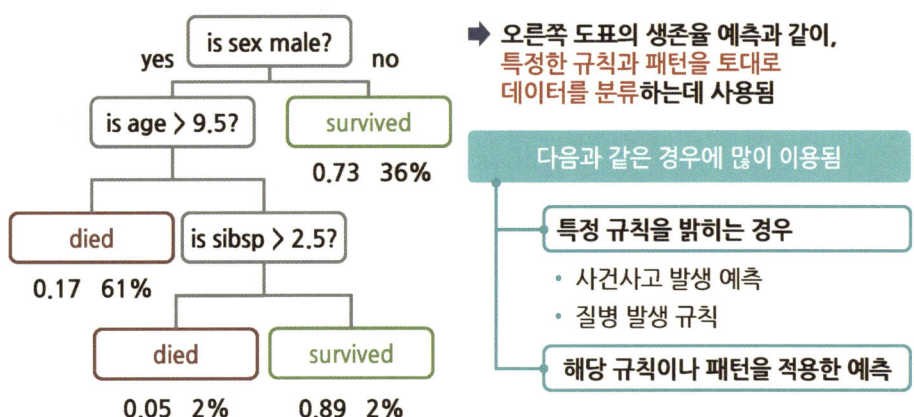

➡ 오른쪽 도표의 생존율 예측과 같이, 특정한 규칙과 패턴을 토대로 데이터를 분류하는데 사용됨

다음과 같은 경우에 많이 이용됨

특정 규칙을 밝히는 경우
- 사건사고 발생 예측
- 질병 발생 규칙

해당 규칙이나 패턴을 적용한 예측

⊙ 인공신경망을 이용한 예측분석

인공지능 로봇 알파고를 통해 널리 알려진 **딥러닝 기술의 원천**

사람의 두뇌에서 영감을 얻음 → 학습을 통해 문제해결능력을 가짐

	회귀 분석	인공신경망
공통점	• 수요 예측 등에 사용됨 • 입력변수를 통해 목표 변수를 예측함	
차이점	통계적 계산 기반을 통해 알고리즘을 형성함	학습 모형을 통해 알고리즘을 형성함

📌 **인공신경망의 예측 과정**

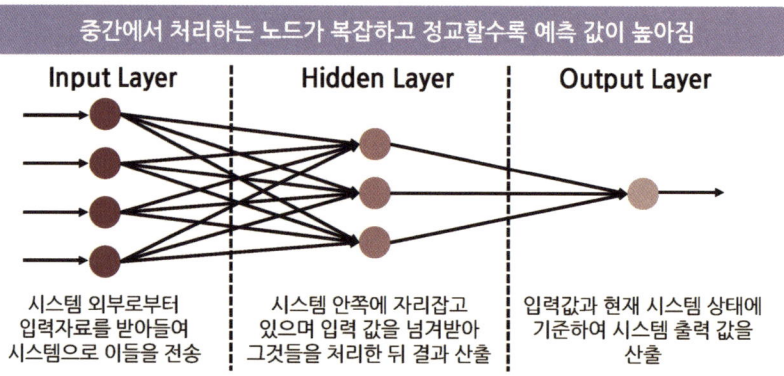

02 예측 모델 생성

1 예측 분석의 예시와 활용

 예측분석 활용 사례

▶ **쇼핑 페이지의 추천 상품**

▶ 페이스북의 친구 추천 기능

기가입자 → 예측분석 → 친구 추천

- 출신학교
- 고향
- 근무회사 등

- 당신을 알고 있을 가능성이 있는 사람들
- 당신과 연결하고 싶어할 가능성이 있는 사람들

▶ 구글 독감 트랜드

SNS는 검색어 유입을 토대로 한 텍스트 마이닝의 대표적인 성공 사례임

사람들이 본인의 주거 지역에 독감이 유행하기 시작하면, 발열, 기침, 독감 등의 검색어를 검색하는 것에서 착안함

독감 유행 정도

➡ 정부 혹은 보건당국보다 더 빠르고 정확한 예측도를 보여줌

2 ▶ R을 이용한 예측 분석

▲ R로 하는 의사결정나무 분석

붓꽃의 꽃잎 길이와 너비를 규칙으로, 종류를 분류하는 방식

```
install.packages("rpart")
library(rpart)
x11()
formula = Species ~ .
iris.df = rpart(formula, data=iris)
iris.df
plot(iris.df )
text(iris.df, use.n=T, cex=0.7)
post(iris.df, file="")
```

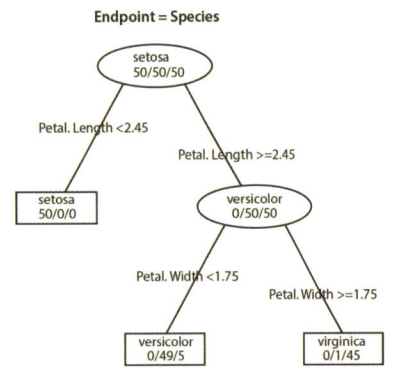

▶ R에서 의사결정나무 분석을 할 때는 rpart 패키지와 함수를 사용함

```
install.packages("rpart")
library(rpart)
x11()
formula = Species ~ .
```

▶ 데이터는 R 자체 제공 데이터인 iris를 이용함

```
iris.df = rpart(formula, data=iris)
iris.df
plot(iris.df )
text(iris.df, use.n=T, cex=0.7)
post(iris.df, file="")
```

R로 하는 시계열 분석

한국의 2018~2021 1인당 GDP 예측하기

```
install.packages("WDI")
library(WDI)
gdp <- WDI(country="KR",indicator=c("NY.GDP.PCAP.CD", "NY.GDP.MKTP.CD"),
       start=1960, end=2017)
kr=gdp$PerCapGDP[gdp$Country=="Korea, Rep."]
kr=ts(kr, start=min(gdp$Year, end=max(gdp$Year))) # 시계열 데이터로 변환
install.packages("forecast")
library(forecast)
krts=auto.arima(x=kr) #데이터를 활용하여 최적의 ARIMA 모형 선택
Forecasts=forecast(object=krBest, h=5) #미래예측
Forecasts
```

```
> Forecasts
      point   Forecast    Lo 80    Hi 80    Lo 95    Hi 95
2017          28522.27  27002.09  30042.46  26497.36  30847.19
2018          28827.46  26248.80  31406.13  24883.73  32771.20
2019          29393.67  26210.45  32576.89  24525.35  34261.98
2020          29859.43  26126.57  33592.29  24150.51  35568.34
2021          30363.84  26167.22  34560.45  23945.67  36782.01
```

```
install.packages("WDI")
library(WDI)
gdp <- WDI(country="KR",indicator=c("NY.GDP.PCAP.CD",
"NY.GDP.MKTP.CD"), start=1960, end=2017)
kr=gdp$PerCapGDP[gdp$Country=="Korea, Rep."]
kr=ts(kr, start=min(gdp$Year, end=max(gdp$Year)))
install.packages("forecast")
library(forecast)
krts=auto.arima(x=kr) #시계열 분석 예측
Forecasts=forecast(object=krts, h=5)
Forecasts
plot(Forecasts) # 시계열 그래프 그리기
```

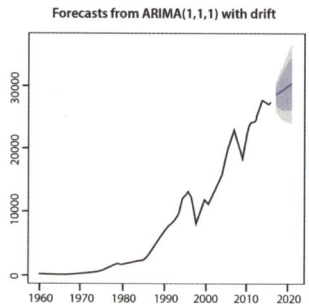

Forecasts from ARIMA(1,1,1) with drift

알통 [R을 활용하여 배우는 통계 기반 데이터 분석]

PART 14 군집화

01 군집화

1 군집화의 개념

▲ 군집화

▶ **정의**

| 군집분석 | 동일한 성격을 가진 여러 개의 그룹으로 대상을 분류하는 것 |

| 군집화
(군집 분석) | • 대상 개체를 유사하거나 서로 관련있는 항목끼리 묶어 몇 개의 집단으로 그룹화 하는 것
• 각 집단의 성격을 파악함으로써 데이터 전체의 구조에 대한 이해를 돕고자 하는 탐색적 분석방법 |

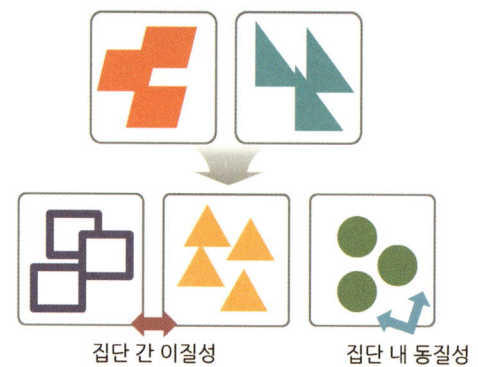

집단 간 이질성　　집단 내 동질성

▲ 군집 분석의 특징

| 사전에 정의된 어떤 특수한 목적이 없음 |

➡ 종속변수에 대한 독립변수의 영향과 같이, 사전에 정의된 어떤 특수한 목적이 없음
➡ 데이터 자체에 의존하여 데이터의 구조와 자료를 탐색하고 요약하는 기법

| 대용량 데이터의 경우, 전체에 대한 의미 있는 정보를 얻어낼 수 있음 |

| 동일한 군집 내의 개체들은 유사한 성격을 가짐 |

| 사전에 정의된 어떤 특수한 목적이 없음 |

| 대용량 데이터의 경우, 전체에 대한 의미 있는 정보를 얻어낼 수 있음 |

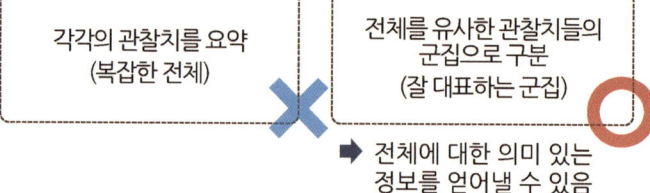

➡ 전체에 대한 의미 있는 정보를 얻어낼 수 있음

| 동일한 군집 내의 개체들은 유사한 성격을 가짐 |

| 사전에 정의된 어떤 특수한 목적이 없음 |

| 대용량 데이터의 경우, 전체에 대한 의미 있는 정보를 얻어낼 수 있음 |

| 동일한 군집 내의 개체들은 유사한 성격을 가짐 |

➡ 서로 다른 군집에 속한 개체들은 이질적인 성격을 갖도록 군집이 형성되어야 함

군집의 유형

| **상호 배반적 군집** | 계보적 군집 | 중복 군집 | 퍼지(Fuzzy) 군집 |

- 각 관찰치가 상호배반적인 여러 군집 중 오직 하나에만 속하는 경우

  Ex) 아시아인 → 한국인, 중국인, 일본인

| 상호 배반적 군집 | **계보적 군집** | 중복 군집 | 퍼지(Fuzzy) 군집 |

- 한 군집이 다른 군집의 내부에 포함되는 형태
- 군집간의 중복은 없으며 군집들이 매 단계 계층적인 관계를 형성하는 경우, 군집 내 상하종속관계를 보임

  Ex) 생물표본 분류 '종 - 속 - 과 - 목'

  인간 << 유인원(과) < 영장류(목) < 포유류(강) < 척추동물(문) < 동물(계)

| 상호 배반적 군집 | 계보적 군집 | **중복 군집** | 퍼지(Fuzzy) 군집 |

- 두 개 이상의 군집에 한 관찰치가 동시에 소속되는 것이 허용되는 경우

| 상호 배반적 군집 | 계보적 군집 | 중복 군집 | 퍼지(Fuzzy) 군집 |

- 관찰치가 소속되는 특정한 군집을 표현하는 것이 아닌, 각 군집에 속할 확률을 표현하는 방법

100도 이상에서 깨지는 컵
그럼 99.999도는
안 깨질까요?
예) 평균키, 평균 몸무게

※ Fuzzy : 애매 모호함

02. K 평균 군집화

계층적 군집화와 비계층적 군집화

계층적 군집화

구성 방법

구분	의미
병합적 방법	가까운 관찰단위들끼리 묶어 군집을 만들어가는 방법
분할적 방법	거리가 먼 관찰단위들을 나누어가는 방법

한 관찰단위는 한 군집에 속하면 다른 군집에는 다시 속하지 못함

덴드로그램(Dendrogram)으로 표현함

어떤 특정 단계에서 병합 혹은 분할되는 군집들 간 관계를 파악하고 전체 군집들 간의 구조적 관계를 살펴보는데 사용되는 도표

계층적 병합 군집화 알고리즘 종류

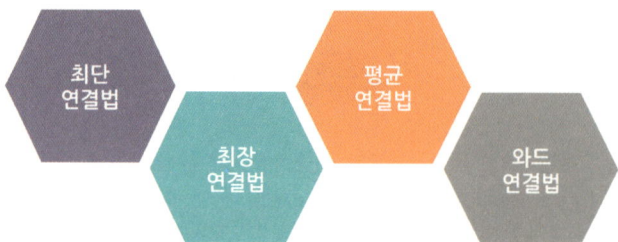

최단 연결법 · 최장 연결법 · 평균 연결법 · 와드 연결법

▶ 비계층적 군집화

📌 K-means 클러스터링

| K-means 클러스터링 | 사전에 결정된 군집 수 K에 기초하여 전체 데이터를 상대적으로 유사한 K개의 군집으로 구분하는 방법 |

➡ (=K-평균 군집화)

- 상호배반적인 K개의 군집을 형성함
- 군집의 수 K를 사전에 결정해야 함

📌 K-means 클러스터링 과정

1. 클러스터 개수 k값을 결정
2. 데이터가 분포된 공간 상에 '클러스터 중심'으로 가정할 임의의 지점 k개를 선택
   - 각 데이터는 근처에 있는 '클러스터 중심'에 할당됨
3. 각 '클러스터 중심'을 해당 클러스터에 속한 데이터들의 평균으로 조정함
4. 더 이상 '클러스터의 중심'이 변하지 않을 때까지 3 ~ 4 단계를 반복

📌 K-means 클러스터링의 장·단점

장점	단점
• 빠르고, 간단하게 군집화 할 수 있음	• 분석자가 적절한 클러스터링의 개수(k)를 선정하기 어려움 • 적절하지 못한 군집수 결정 시 결과가 좋지 않을 수 있음 - 임의로 초기 K수를 설정하기 때문임

🔺 군집 분석의 장·단점

▶ 군집 분석의 장점

- **탐색적 기법**
  - 군집분석 자체로, 대용량 데이터에 대한 탐색적 분석이 가능함
  - 주어진 데이터의 내부 구조에 대한 사전정보나 사전분석의 필요 없이, 의미 있는 자료 구조를 찾아낼 수 있음
- 다양한 데이터에 적용 가능
- 분석방법 적용의 용이

▶ 군집 분석의 장점

- 탐색적 기법
- 다양한 데이터에 적용 가능
  - 관찰단위 간의 거리를 데이터 형태에 맞게 정의하면 거의 모든 형태의 데이터에 적용 가능함
- 분석방법 적용의 용이

▶ 군집 분석의 장점

- 탐색적 기법
- 다양한 데이터에 적용 가능
- 분석방법 적용의 용이
  - 대부분의 군집 분석 방법은 분석 대상 데이터에 대해 사전 정보를 요구하지 않으므로 분석 방법의 적용에 큰 어려움이 없음
  - 모형화에 사용되는 분석들과 같이, 특정 변수들에 대한 역할 정의(독립, 종속, 매개 등)가 불필요함

▶ 군집 분석의 단점

- 가중치와 거리 정의
  - 군집분석의 결과는 관찰단위 사이의 유사성을 나타내는 거리를 어떻게 정의하느냐가 크게 좌우함
    - 특히 여러 자료유형(수치, 범주형 등)을 포함하는 데이터의 경우에는, 관찰단위 사이의 거리를 정의하고 각 변수에 대한 가중치를 결정하는 것이 매우 어려움
- 결과 해석의 어려움
- 초기군집수의 결정

▶ 군집 분석의 단점

- 가중치와 거리 정의
- 결과 해석의 어려움
  - 사전에 주어진 목적이 없으므로, 결과 해석이 명확하지 않음
  - 주어진 변수에 따라 잘 구분된 군집이라고 해도, 그 결과를 실제적으로 활용하기 쉽지 않음
- 초기군집수의 결정

▶ 군집 분석의 단점

- 가중치와 거리 정의
- 결과 해석의 어려움
- 초기군집수의 결정
  - K-평균 군집분석에서는 만일 군집 수 K가 원 데이터 구조에 부적합하면, 좋은 결과를 얻기 힘듦
  - 사전에 정의된 군집 수를 기준으로 사전정의 군집과 동일한 수의 군집을 찾게 되기 때문임
  - 이를 방지하기 위해 여러 번의 탐색적인 군집 분석 과정이 필요함

03. K 평균 군집화 모델 생성

1. 군집화의 예시와 활용

▲ 군집 분석 절차

단계	내용
1단계	연구문제 확정
2단계	대상 개체 및 변수 확정
3단계	군집 방법 결정
4단계	연결방법 및 거리척도 결정
5단계	군집계수 결정 및 해석

▲ 군집 분석 종류 선택 도식화

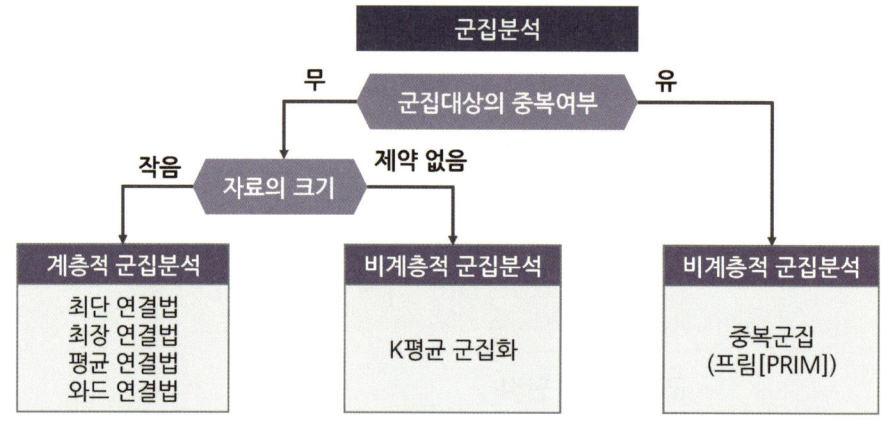

▲ 예시로 알아보는 군집 분석

▶ K평균 군집화

학생 6명의 시험 점수가 다음과 같을 때, K-means 군집분석을 실시하는 경우/ K=2

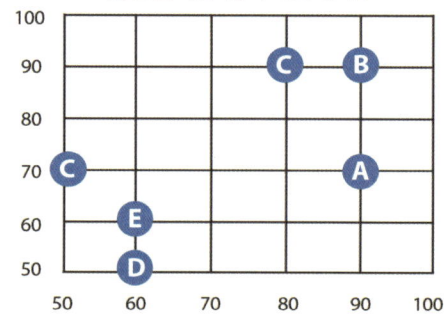

	과목1	과목2
학생 A	90점	70점
학생 B	90점	90점
학생 C	80점	90점
학생 D	60점	50점
학생 E	60점	60점
학생 F	50점	70점

학생 6명의 시험 점수가 다음과 같을 때, K-means 군집분석을 실시하는 경우/ K=2

1 임의로 중심 설정

빨간색 원과 파란색 원은 임의로 데이터의 중심값을 잡은 것입니다.

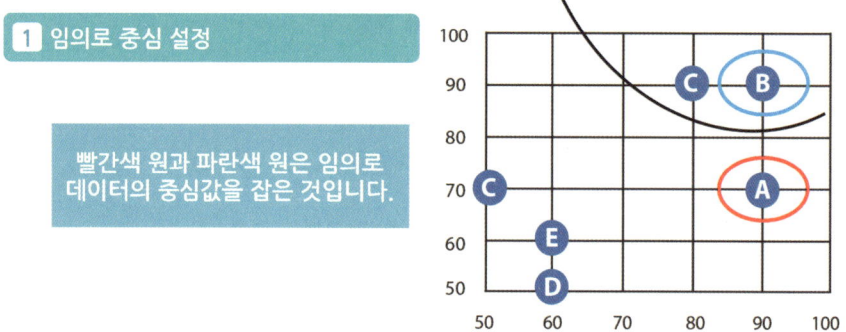

152 | 알통[R을 활용하여 배우는 통계 기반 데이터 분석]

학생 6명의 시험 점수가 다음과 같을 때, K-means 군집분석을 실시하는 경우/ K=2

1. 임의로 중심 설정
2. 군집 할당

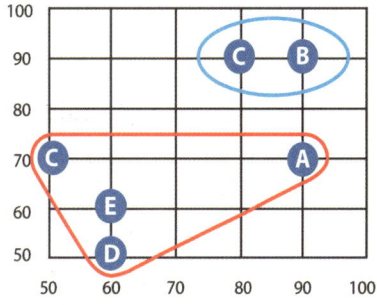

학생 6명의 시험 점수가 다음과 같을 때, K-means 군집분석을 실시하는 경우/ K=2

1. 임의로 중심 설정
2. 군집 할당
3. 새로운 중심 설정(평균벡터 재계산)
   ➡ 평균벡터를 다시 계산하여 새로운 군집에서 새로운 중심을 설정함 (원래 중심 위치 표시)

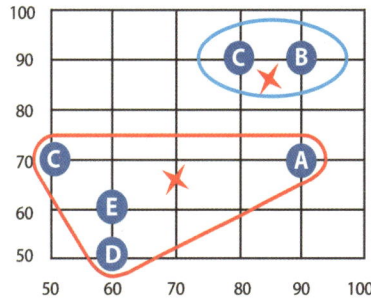

학생 6명의 시험 점수가 다음과 같을 때, K-means 군집분석을 실시하는 경우/ K=2

1. 임의로 중심 설정
2. 군집 할당
3. 새로운 중심 설정(평균벡터 재계산)
4. 새로운 군집 할당
   ➡ 설정된 새로운 중심을 기준으로 새 군집을 설정함

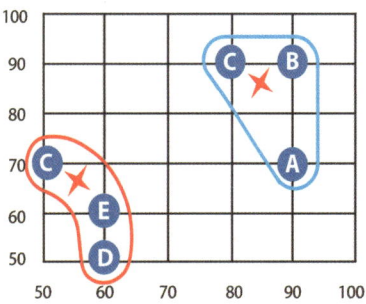

학생 6명의 시험 점수가 다음과 같을 때, K-means 군집분석을 실시하는 경우/ K=2

1. 임의로 중심 설정
2. 군집 할당
3. 새로운 중심 설정(평균벡터 재계산)
4. 새로운 군집 할당(새기준 중심)
5. 적합한 군집 찾기(3~5과정 반복)

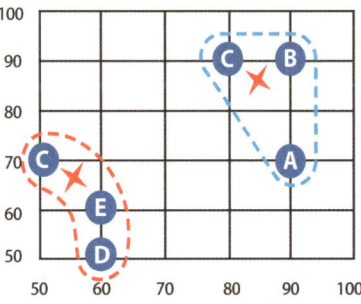

2. R을 이용한 군집화

▲ R로 하는 의사결정나무 분석 - 최빈값을 기준으로 예측/분류 알고리즘

⊙ R 제공 데이터 iris를 이용해 K=3인 K-means 군집화를 실시함

```
data(iris)
a=iris
a$Species=NULL   #붓꽃의 종에 대한 사전정보를 제거
                 (군집분석은 사전정보가 필요 없음)
kc=kmeans(a,3)   # k=3인 k-means 군집분석
summary(kc)
table(iris$Species,kc$cluster)
plot(a[c("Sepal.Length","Sepal.Width")],col=kc$cluster)
```

※ K의 수는 해당 데이터 붓꽃의 종류에 따라 3으로 부여

▲ R로 하는 의사결정나무 분석

⊙ Setosa, versicolor, virginica는 모두 해당 데이터 붓꽃의 종류임

```
> table(iris$Species,kc$cluster)
              1    2    3
   setosa     0    0   50
   versicolor 48   2    0
   virginica  14   36   0
```

➡ 위 결과를 통해 종류 별로 군집이 잘 나뉜 것을 확인할 수 있음

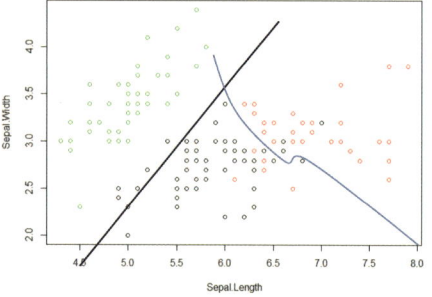

PART 15. 파생 변수를 활용한 분석모델 확장

01 파생 변수

1. 파생 변수의 개념

▲ 파생 변수의 정의

| 파생 변수 | • 작위적(의도적) 정의에 의해 특정 의미를 갖는 변수
• 사용자가 특정 조건을 만들어 의미를 부여한 변수 |

▲ 파생 변수의 성격

주관적임

➡ 사용자의 작위적(의도적) 정의를 통해 특정 의미를 부여하며, 매우 주관적임
➡ 논리적 타당성을 갖추지 못한 경우, 분석과 해석에 문제가 생길 수 있음

특정 상황에만 의미있는 것이 아닌, 대표성이 나타나도록 변수 설계를 해야 함

세분화, 고객행동 예측, 마케팅 혹은 캠페인 반응 예측에 활용이 가능함

▲ 파생 변수의 성격

주관적임

특정 상황에만 의미있는 것이 아닌, 대표성이 나타나도록 변수 설계를 해야 함

구분	예	
특정 시기나 상황에만 필요한 변수	2017년 하반기 고객 주요 구매 상품	X
대표성이 나타나도록 파생 변수 생성	여름철 고객 주요 구매 상품	O

세분화, 고객행동 예측, 마케팅 혹은 캠페인 반응 예측에 활용이 가능함

| 변수 | 근무시간 중 구매정도, 주거래매장, 선호상품, 가격대 등 |

↓ 반응 예측

고객의 예상 구매 빈도, 거래 금액으로 고객 등급 분류, 캠페인 시행 효과 확인 등

2 파생 변수의 예시와 활용

▲ 파생변수 만들기

| 파생변수 만들기 | 변수를 조합하거나, 함수를 적용해 새로운 변수를 만드는 방법 |

데이터에 포함된 변수로만 분석하는 방법 이외의 방법

> **Ex** 구매상품의 다양성, 선호 가격대, 주 구매매장 등 사용자가 특정 조건을 만족하거나 특정 함수에 의해 값을 만들어 의미부여를 한 변수
> - 근무시간에 구매가 발생하는 비율 산출
> - 고객별 상품 유형에 따른 구매금액 생성
>
> ```
> product_price = dcast(pay_data, user_id ~ product_type, sum, na.rm=T)
> ```

▲ 요약변수와 파생변수

| 요약변수 | 기본 정보를 특정 기준으로 그룹핑하여 요약한 변수 |

파생변수와 혼동하는 경우가 많음

> **Ex** 연속형 변수의 구간화, 사용 단어 빈도, 기간별 구매 금액 등
> - 과학, 수학 시험점수가 변수로 있을 때
>   - 합계나 평균을 생성하기 위해 변수를 조합한 경우
> - 시험 성적을 함수를 이용해 점수별로 등급을 산정한 경우
>
> ```
> test$grade = ifelse(test$total >=30, "A", ifelse(test$total)=25,"B",
> ifelse(test$total>+20,"C","D")))
> ```

⊙ 요약변수의 특성

- 수집된 정보를 분석에 맞게 종합한 변수
- 데이터마트에서 가장 기본적인 변수
  └ 데이터 원 저장소인 데이터 웨어하우스와 사용자 사이의 복제된 데이터
- Ex) 기간별 구매 금액, 횟수, 구매여부 등
- 다수의 모델에 공통으로 사용될 수 있어, 재활용성이 높음
- 합계, 횟수와 같은 간단한 구조
  ↳ 자동화 프로그램 구축 가능

⊙ 데이터마트

데이터마트
- 일반적으로 각 응용분야별로 구축되는 소규모 형태의 데이터웨어하우스
- 의사결정지원시스템(DSS : Decision Support System) 사용자의 요구사항에 초점을 맞춘, 특정 사용자 집단에 특화된 데이터 저장고

	데이터웨어하우스(D/W)	데이터마트
범위	애플리케이션 중립적 중앙집중식, 공유 전사적	특정 애플리케이션 특정 부문, 특정 사용자 영역, 비즈니스 프로세스 중심적
주제영역	다수의 데이터 구조 지원	단일한 부분적 데이터 구조 지원
데이터관점	오랜 기간의 상세 데이터 요약 (시계열 이력 데이터, 납입보험료)	제한된 규모의 데이터 요약 (추세, 패턴 분석)
기타특성	지속성/전략적	프로젝트 중심

⊙ 요약변수 사용 사례

요약변수	사용 사례
기간별 구매 금액/횟수	고객의 구매패턴 식별
위클리 쇼퍼	구매 시기를 통해 고객의 특성을 추정
상품별 구매금액/횟수	고객의 라이프 스테이지/라이프스타일 등을 이해
유통 채널별 구매금액	온/오프라인 고객의 구매를 유도
단어 빈도	텍스트자료에서 단어들의 출현 빈도를 데이터화하여 사용

▶ 요약변수 사용 사례

초기 행동변수	고객 가입/첫 거래 초기 1개월간 거래 패턴
	➡ 1년 후 반응 예측
트렌드변수	추이값을 나타내는 변수
결측값과 이상값 처리	무리해서 처리하지말고 내용 파악하여 처리
연속형 변수의 구간화	분석 후 적용 단계를 고려한 데이터분석을 위해 연령/비용 등 연속형 변수를 구간화 하는 것

▶ 파생변수

파생변수	사용자가 의미를 부여하여 생성한 변수

매우 주관적임	생성된 변수가 모집단의 대표성을 나타낼 수 있어야함

↳ 논리적 타당성이 필요함

▶ 파생변수의 특성

주관적
➡ 논리적 타당성을 갖춰야 함
➡ 분석자의 능력/경험/지식에 따라 변수의 질이 크게 달라짐

특정조건을 만족함
➡ 세분화/고객행동예측/캠페인 반응 예측 등 행동 예측에 잘 활용됨

▶ 파생변수 사용 사례

근무시간 구매 지수	근무시간대에 거래가 발생하는 비율을 산출
주 구매 매장 변수	고객의 주거래 매장을 예측
주 활동 지역 변수	고객의 정보/거래내용 통해 주 활동지역을 예측
주 구매 상품 변수	상품 추천에 활용
	➡ (1순위 상품 구매 → 2순위 상품 구매 유도)

▶ 파생변수 사용 사례

변수	설명
구매 상품 다양성 변수	고객의 구매 성향 파악
선호하는 가격대 변수	주로 패션 분야에 중요하게 적용
라이프 스테이지 변수	고객의 라이프 스테이지 예측 → 행동 이해 → 니즈 파악
라이프 스타일 변수	고객의 라이프 스타일을 보고 상품구매를 유도
행사 민감 변수	행사의 여부에 따른 구매 패턴을 파악

▶ 파생 변수의 활용

모델 성능 향상의 방법
- 주어진 데이터를 가지고, 모델에 맞춰 데이터를 수정하고, 주요 변수에 따라 모델링을 함(일반적인 방법)
- 데이터의 특성에 대해 이해하고, 분석자의 주관에 따라 파생변수를 얼마나 잘 생성하느냐에 따라 모델의 성능은 향상됨

주요 변수들로만 분석했을 때는 보이지 않는 특성이 나타나기도 하고, 예상치 못한 예측 효과가 보일 때도 있음

▼

파생 변수의 생성은 필수는 아니지만, **고려 대상**이 됨

02 분석모델 확장

1 ▶ R을 이용한 파생 변수 실습

▲ R파생변수 사용 함수 예시

melt() : 식별자 id, 측정 변수 variable, 측정치 value 형태로 데이터를 재구성하는 함수(데이터를 녹이는 함수)

```
reshape2::melt.data.frame(
  data,            # melt할 데이터
  id.vars,         # 식별자 컬럼들
  measure.vars,    # 측정치 컬럼들.
  na.rm=FALSE      # NA인 행을 결과에 포함시킬지 여부. FALSE는 NA를 제거하지
                     않음을 뜻함
)
```

Ex mdf=melt(widedf, id="names") # names 변수를 id변수로 재생성

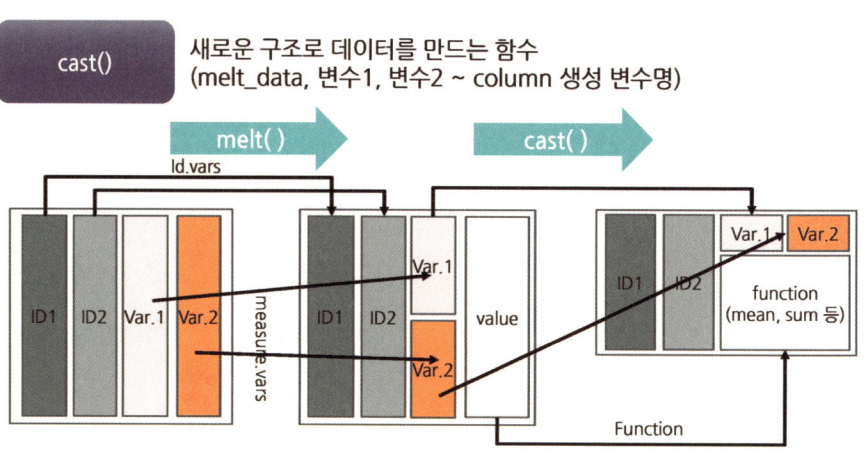

▲ R파생변수 생성 실습

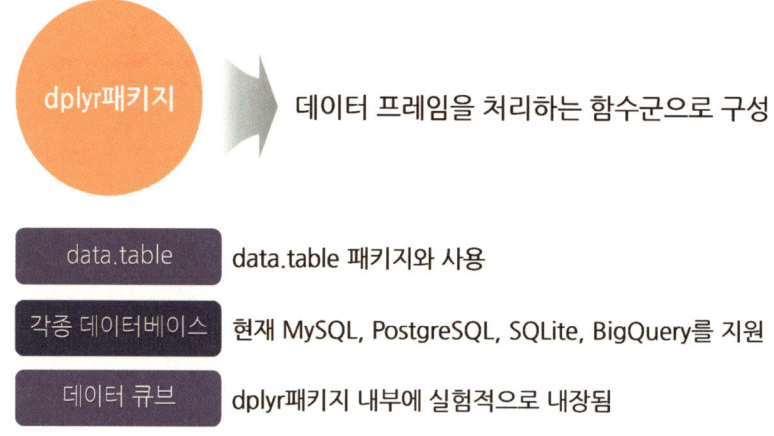

ⓘ dplyr패키지의 기본이 되는 5개의 함수

함수명	내용	유사함수
filter()	지정한 조건식에 맞는 데이터 추출	subset()
select()	열의 추출	data[, c("Year", "Month")]
mutate()	열 추가	transform()
arrange()	정렬	order(), sort()
summarise()	집계	aggregate()

▶ hflights 데이터
미국 휴스턴에서 출발하는 모든 비행기의 2011년 이착륙기록이 수록된 것으로 227,496건의 이착륙기록에 대해 21개 항목을 수집한 데이터

```
install.packages("hflights")
install.packages("dplyr")
library(hflights)
library(dplyr)
str(hflights)  #R제공 hflight데이터 사용
```

```
> str(hflights)
'data.frame':   227496 obs. Of 21 variables:
 $ Year          : int 2011 2011 2011 2011 2011 2011 2011 2011 2011 2011 ...
 $ Month         : int 1 1 1 1 1 1 1 1 1 1 ...
 $ DayofMonth    : int 1 2 3 4 5 6 7 8 9 10 ...
 $ DayofWeek     : int 6 7 1 2 3 4 5 6 7 1 ...
 $ DepTime       : int 1400 1401 1352 1403 1405 1359 1359 1355 1443 1443 ...
 $ ArrTime       : int 1500 1501 1502 1513 1507 1503 1509 1454 1554 1553 ...
 $ UniqueCarrier : chr "AA" "AA" "AA" "AA" ...
 $ FlightNum     : 428 428 428 428 428 428 428 428 ...
```

```
colnames(hflights) #변수명확인
hflight_df <- tbl_df(hflights) #자료를 보기 좋게 한 화면에 편집
hflight_df
```

```
> Colnames(hflights)
 [1] "Yeat"             "Month"            "DayofMinth"
 [4] "Dauofweek"        "DepTime"          "ArrTime"
 [7] "Uniquecarrier"    "FlightNum"        "TailNum"
[10] "ActualelapsedTime" "AirTime"         "ArreDelay"
[13] "DepDelay"         "Origin"           "Dest"
[16] "Distance"         "TaxiIn"           "Taxiout"
[19] "Cancelled"        "CancellationCode" "Diverted"

> hflight_df <- tbl_df(hflights)
> hflight_df
# A tibble : 227,496 x 21
   Year  Month DayofMonth Dayofweek DepTime ArrTime
   <int> <int>  <int>      <int>    <int>   <int>
*
1  2011    1      1          6      1400    1500
2  2011    1      2          7      1401    1501
3  2011    1      3          1      1352    1502
```

```
aa<-mutate(hflight_df , gain=ArrDelay - DepDelay) #파생변수 추가 (칼럼추가)
aa    # 변수가 새로 생성됨을 확인할 수 있음
```

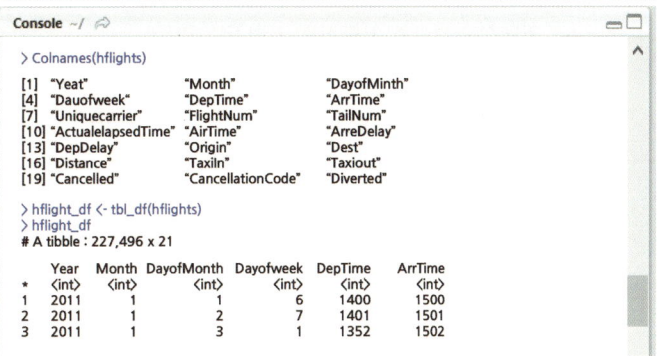

PART 16 앙상블 기법을 활용한 분석모델 확장

앙상블 기법의 개념

앙상블 기법

정의

| 앙상블 (Ensemble) | '함께, 동시에'라는 뜻에서 의미가 전화하여 '통일·조화'를 나타내는 용어 |

기계학습에서의 지도학습 기법 알고리즘

장점	단점
• 정교화, 대규모화되어 예측 성능이 매우 뛰어남	• 학습에 시간이 많이 걸림 • 과도적합으로 인한 오차 증가가 동반됨

간단한 알고리즘으로 학습을 수행하면서, 보다 좋은 성능을 내기 위한 방법이 개발됨

| 앙상블 기법 | 음악에서는 '두 사람 이상의 연주자에 의한 합주 또는 합창하듯'이란 뜻의 분석 방법 |

| 앙상블 기법 | 주어진 자료로 여러 개의 예측 모델을 학습한 다음, 하나의 최종 예측 모델을 사용하여 정확도를 높이는 기법 |

지도학습 기법보다 더 좋은 성능을 내기 위해 고안된 기법

문자 그대로 많은 기저 학습기들을 합치는 방법

| 단점 | 모형은 복잡해 설명하기 어려움 |
| 장점 | 성능이 높음 |

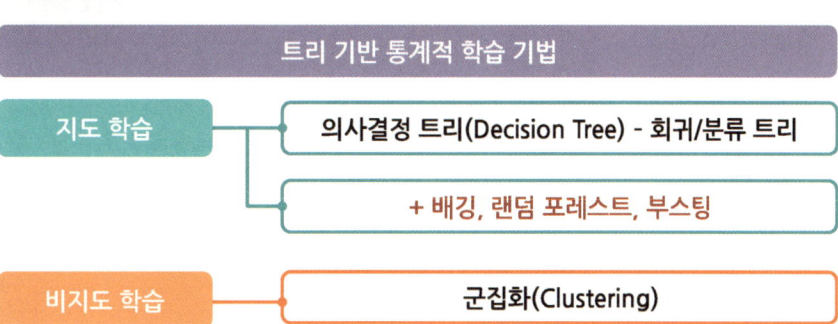

▲ 앙상블 기법 사용 시 고려사항

학습기의 선택	결합 방법의 선택
비교적 간단하면서도, 서로 차별성이 있는 분류기를 선택	학습이 완료된 학습기들로부터 얻어지는 인식 결과의 결합

결합을 통한 효과를 높임	각 학습기의 특성을 고려하여 효과적으로 결합해야 함

▶ **학습기의 선택**

| 학습 알고리즘 차별화 | 모델 선택과 관련된 파라미터의 차별화 | 학습 데이터 차별화 |

- 기법 결합 시, 베이즈 분류기와 **k-최근접 이웃 알고리즘**, 인공신경망과 서포트 벡터 머신(SVM)을 결합하는 방법과 같이, 서로 다른 접근 방법을 가진 알고리즘을 선택함

※ **k-최근접 이웃 알고리즘**
 - 패턴 인식에서, k-최근접 이웃 알고리즘(줄여서 k-NN)은 분류나 회귀에 사용되는 비모수 방식임
 - 두 경우 모두 입력이 특징 공간 내 k개의 가장 가까운 훈련 데이터로 구성되어 있음

(1/2)

※ 출처 : https://ko.wikipedia.org/wiki/K-최근접_이웃_알고리즘

| 학습 알고리즘 차별화 | 모델 선택과 관련된 파라미터의 차별화 | 학습 데이터 차별화 |

- 기법 결합 시, 베이즈 분류기와 k-최근접 이웃 알고리즘, 인공신경망과 서포트 벡터 머신(SVM)을 결합하는 방법과 같이, 서로 다른 접근 방법을 가진 알고리즘을 선택함

※k-최근접 이웃 알고리즘
 - 출력은 k-NN이 분류로 사용되었는지 또는 회귀로 사용되었는지에 따라 다름

(2/2)

[출처] https://ko.wikipedia.org/wiki/K-최근접_이웃_알고리즘

| 학습 알고리즘 차별화 | 모델 선택과 관련된 파라미터의 차별화 | 학습 데이터 차별화 |

- k-NN 분류 알고리즘을 적용하되 k값을 달리하면서 j로 다른 분류기를 여러 개 만들어 사용함
- 다층 퍼셉트론의 경우 은닉층의 뉴런 수를 달리하면서 여러 가지 모델을 만들어 사용함

| 학습 알고리즘 차별화 | 모델 선택과 관련된 파라미터의 차별화 | 학습 데이터 차별화 |

- 같은 기법 모델을 결합하되, 학습에 사용되는 데이터 집합에 차별을 두어 복수 개의 분류기를 만드는 방법

  Ex   같은 인공신경망 모델을 사용하되, 전체 학습데이터를 적절히 조합하여 만든 서로 다른 학습데이터 집합들을 학습에 이용함

▶ 결합 방법의 선택

병렬적 결합 방법
기법 결합 시, 각각의 분류기로부터 얻어진 결과를 **한 번에 모두 고려**하여 하나의 최종 결과를 얻는 방법

순차적 결합 방법
각 분류기의 결과를 **단계별로 나누어, 단계적으로 결합**하는 방법

➡ 앞 단계에 배치된 결과가 뒤에 배치된 분류기의 학습과 분류에 영향을 미침

01 배깅(Bagging)

1. 앙상블 기법의 종류와 활용

▲ 배깅

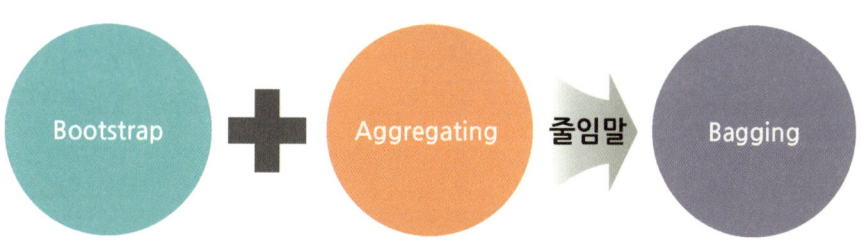

Bootstrap + Aggregating → 줄임말 → Bagging

▶ 최종 모델 생성 과정

1 주어진 학습자료에서 표본을 무작위로 재추출 해 ,여러 개의 <u>붓스트랩을 만듦</u>

실측 데이터를 바탕으로 가상의 샘플링을 수행해, 분포를 추정하는 것

2 만들어진 붓스트랩 자료들 각각에 대해 추출 표본들의 분산을 표본 수로 나눔

3 분산을 줄인 예측모형을 만듦

4 그 모형들을 결합하여 최종 모형을 생성함

▶ 배깅 알고리즘

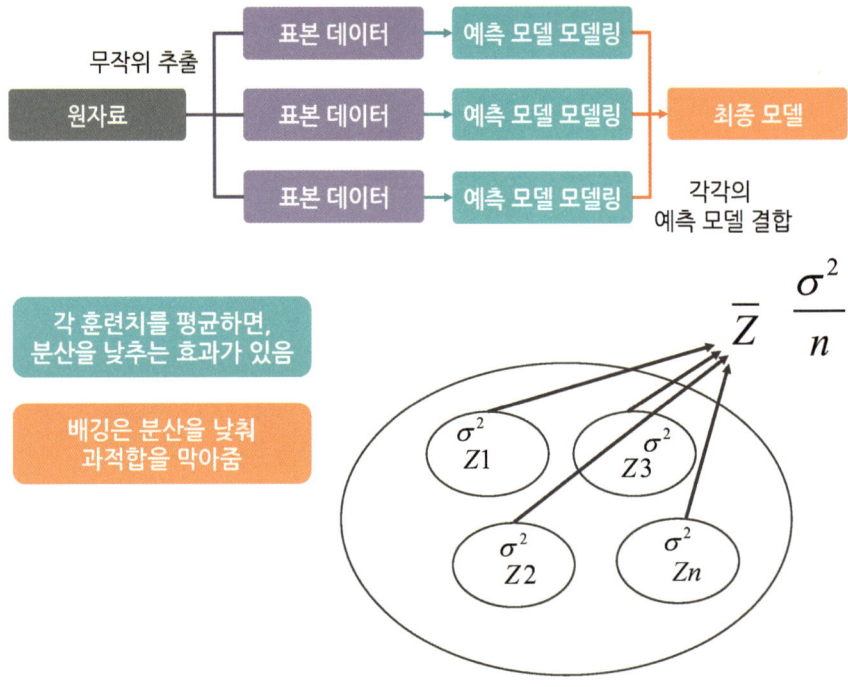

02 부스팅(Boosting)

🔺 부스팅

| 부스팅 (Boosting) | 제대로 분류되지 않은, 예측력이 약한 모형들을 결합하여 강한 예측 모형을 만드는 것 |

모형을 학습시키면, 제대로 분류되지 않은 학습기가 존재하게 됨

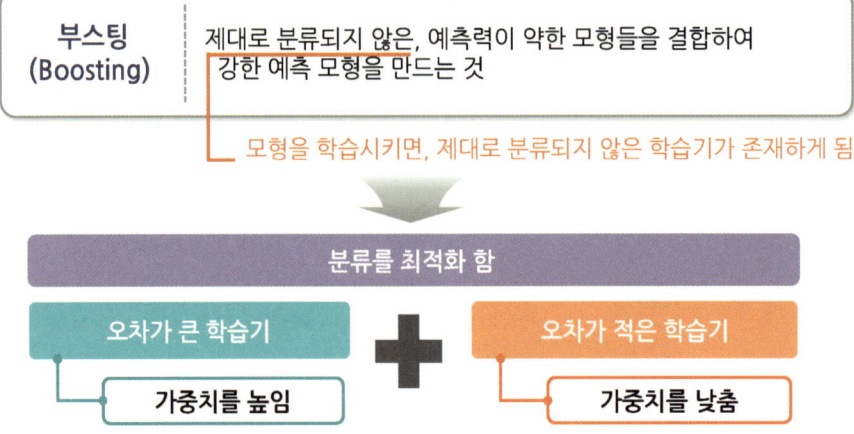

▶ 부스팅(Boosting) 알고리즘

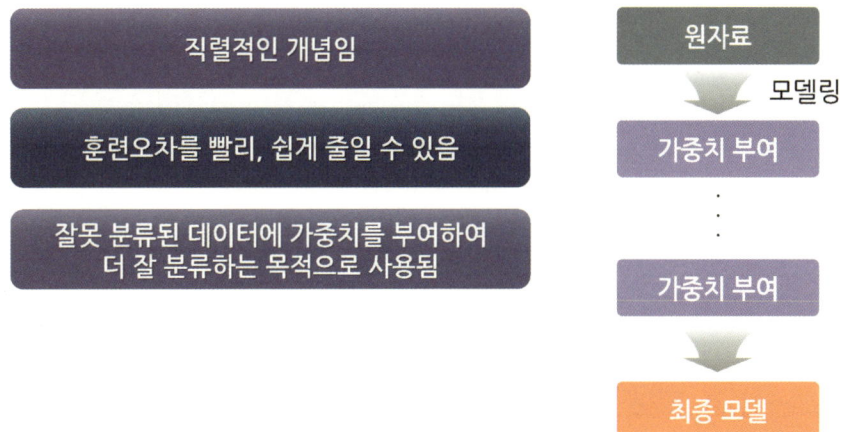

▶ 부스팅(Boosting)의 학습과정(필터링방식)

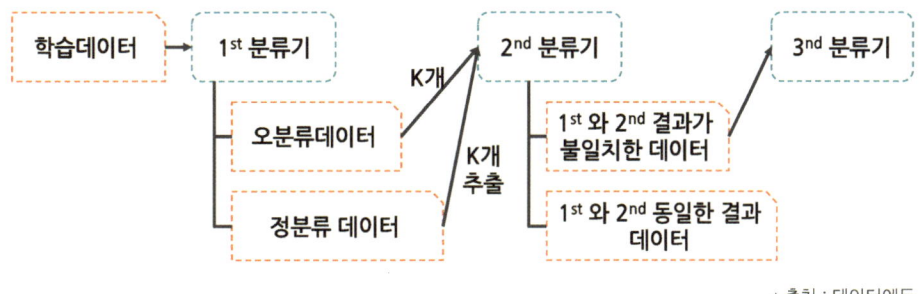

*출처: 데이터에듀

▶ 부스팅(Boosting)의 적용

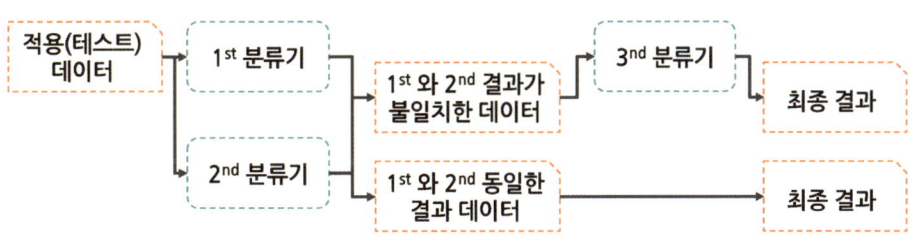

*출처: 데이터에듀

03. 랜덤 포레스트(Random Forest)

▲ 랜덤포레스트

| 랜덤포레스트 | 분산이 큰 의사결정나무의 단점을 통계적 기법으로 극복한 방법 |

여러 개의 의사결정 나무를 만들고, 각각의 나무에, 붓스트랩을 이용해 생성한 데이터셋으로 모델을 구성함

➡ 편향을 증가시킴으로써, **분산이 큰 의사결정나무의 단점을 완화시킴**

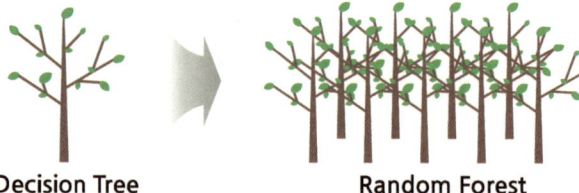

Decision Tree → Random Forest

단점
- 복잡한 구조로 해석력이 떨어짐

장점
- 과적합 발생률이 낮아짐
- 일반 의사결정나무보다 예측력이 높아짐

04. 분석모델 확장

1. R을 이용한 앙상블 기법

▲ 랜덤포레스트

```
install.packages("randomForest")
library(randomForest)
head(iris)
idx=sample(2,nrow(iris),replace=T,prob=c(0.7,0.3))
trainData=iris[idx==1,]
testData=iris[idx==2,]
model=randomForest(Species~.,data=trainData,ntree=100,proximity=T)
model
```

```
> model
Call :
randomForest(formula=Species ~ ., data = trainData, ntree = 100, proximity = T)
       Type of random forest : classification
             Number of trees : 100
No. of variables tried at each split : 2

OOB estimate of error rate : 3.74%
Confusion matrix :
           setosa  versicolor  virginica  class.error
setosa       34        0           0      0.00000000
Versicolor    0       33           1      0.02941176
virginica     0        3          36      0.07692308
```

```
> model
Call :
randomForest(formula=Species ~ ., data = trainData, ntree = 100, proximity = T)
       Type of random forest : classification
             Number of trees : 100
No. of variables tried at each split : 2
OOB estimate of error rate : 3.74%
Confusion matrix :
           setosa  versicolor  virginica  class.error
setosa       34        0           0      0.00000000
Versicolor    0       33           1      0.02941176
virginica     0        3          36      0.07692308
```

➡ 랜덤포레스트는 여러 개의 의사결정나무로 구현됨

▶ 랜덤포레스트 모델을 출력하면 모델 훈련에 사용되지 않은 데이터를 사용한 에러 추정치가 'OOB(Out Of Bag) estimate of error rate' 항목으로 출력됨

```
> model
Call :
randomForest(formula=Species ~ ., data = trainData, ntree = 100, proximity = T)
       Type of random forest : classification
             Number of trees : 100
No. of variables tried at each split : 2
OOB estimate of error rate : 3.74%
```

▶ iris에 대한 모델에서는 OOB 에러가 3.74%임

```
OOB estimate of error rate : 3.74%
```

▶ virginica가 versicolor로 예측된 경우가 3개임/versicolor가 virginica로 예측된 경우가 1개임

```
OOB estimate of error rate : 3.74%
Confusion matrix :
           setosa  versicolor  virginica  class.error
setosa       34        0           0      0.00000000
versicolor    0       33           1      0.02941176
virginica     0        3          36      0.07692308
```

```
table(trainData$Species, predict(model))
importance(model)
#지니계수 : 값이 높은 변수가 클래스를 분류하는데 가장 큰 영향을 줌
```

```
           setosa  versicolor  virginica
setosa       34         0          0
versicolor    0        33          1
virginica     0         3         36
```

> importance(model)

```
             MeanDecreaseGini
Sepal.Length       7.339774
Sepal.Width        1.452962
Petal.Length      33.150143
Petal.Width       28.570859
```

 기타

배깅은 party와 caret 라이브러리를 사용해서
붓스트랩핑과 모델링을 함

부스팅은 tree라이브러리와 rpart패키지를 사용하여
표본 추출과 트리 모델을 형성할 수 있음

PART 17 예측 오차를 통한 예측 모델 성능 평가

01 예측 오차

1. 예측 오차의 개념

▲ 오차와 예측 오차

▶ 정의

오차 (Error)	실제값과 예측값의 차이의 정도
예측 오차 (Prediction Error)	예측 분석 시 발생하는 **예측값과 실제값의 차이**

▶ 예측 오차 발생시 통계적 문제점

📌 발생원인

- 시계열의 집계 수준(월,주 등) 이 예측 데이터에 비해 지나치게 세밀하거나 간격이 클 경우
  - 데이터가 너무 많거나 적음 오류 발생

- 매출 데이터의 기초 수준이 월이지만 주별로 집계할 경우
  - NULL이 너무 많음

▶ 오류와 해결 방법

오류 메시지	해결 방법 제안
뷰의 날짜 필드에서 연속형 날짜를 파생할 수 없습니다.	• 예측하려면 날짜 필드를 연속적으로 해석할 수 있어야 함 • 날짜 필드가 명시적으로 연속하지 않는 경우 날짜 수준에 연도가 포함되어 있어야 함 • 뷰에 날짜가 없거나, 뷰의 날짜가 전체 계층을 구성하지 않거나(예 : 날짜에 연도와 일은 포함되지만 월이 포함되지 않은 경우), 지원되지 않는 계층을 구성하는 경우(예 : 연도, 주, 일)에 발생함
시계열이 너무 작아서 예측할 수 없습니다.	• 더 많은 날짜 값을 포함하도록 뷰의 시계열을 확장함 • 신뢰할 수 없거나 부분적으로 잘린 기간을 잘라낸 후 데이터 요소가 4개 미만이 되어 예측할 수 없는 경우에 발생함

오류 메시지	해결 방법 제안
Null 날짜 값을 가진 시계열에 대한 예측을 계산할 수 없습니다.	• 날짜 필드를 필터링하거나 낮은 날짜 수준(예 : 월을 분기로 전환)을 사용하여 뷰의 날짜 필드에서 널 값을 제거함
뷰에 고유한 날짜 필드가 여러 개 포함되어 있는 경우 예측을 계산할 수 없습니다.	• 뷰에 날짜 필드가 여러 개인 경우 이 오류가 반환됨 (예 : 주문 날짜와 배송 날짜가 같은 뷰에 있는 경우 예측이 지원되지 않음)

오류 메시지	해결 방법 제안
예측 옵션에서 선택한 '집계 기준' 값이 시각화와 호환되지 않습니다.	• 뷰의 날짜는 예측 옵션 대화 상자의 **집계 기준** 값과 호환되어야 함 (예 : **집계 기준**을 주로 설정하고 뷰의 날짜를 월로 설정한 경우 이 오류가 발생함) • 두 값이 호환되도록 날짜 중 하나를 변경하거나 **집계 기준**을 자동으로 설정함
누락된 값이 너무 많아서 예측을 계산할 수 없습니다.	• 데이터의 40% 초과해서 누락된 경우에 발생함 • 예측 옵션 대화 상자에서 **누락된 값을 0으로 채우기**를 선택해도 이 오류는 해결되지 않음 • 원본 데이터를 수정하거나 다른 원본의 데이터를 사용해야 함

오류 메시지	해결 방법 제안
예측할 측정값이 없습니다.	• 예측할 수 있는 측정값이 뷰에 없는 경우에 발생함 • 예측 측정값이 행 또는 열 선반이나 마크 카드에 있어야 함
예측할 측정값은 숫자여야 합니다.	• 일부 측정값이 숫자로 해석될 수 없으므로 예측할 수 없음
차원에 대한 예측을 계산할 수 없습니다.	• 예측할 값은 차원이 아닌 측정값이어야 함

오류 메시지	해결 방법 제안
데이터가 너무 많아서 예측을 계산할 수 없습니다.	• 쿼리의 결과 집합이 지나치게 큰 경우 예측이 불가능함 • 이 제한은 약 10,000개 행임 • 예측을 수정하려면 시계열 값을 더 상위 수준 (예 : 주 대신 월)에서 집계하거나, 데이터를 필터링함
데이터가 너무 많은 행, 열 또는 색상으로 나눠지므로 예측을 계산할 수 없습니다.	• 일부 차원을 필터링하거나 제거하여 뷰를 단순화하면 오류가 해결됨

오류 메시지	해결 방법 제안
뷰에 테이블 계산이 포함되어 있으므로 예측을 계산할 수 없습니다.	• 테이블 계산이 포함되지 않은 뷰 버전을 만듦
필터 선반에 측정값이 있으므로 예측을 계산할 수 없습니다.	• 측정값을 필터 선반에서 제거함
측정값 집계를 선택하지 않았으므로 예측을 계산할 수 없습니다.	• **측정값 집계** 옵션은 분석 메뉴에 있음

오류 메시지	해결 방법 제안
뷰에 비율 계산이 포함되어 있으므로 예측을 계산할 수 없습니다.	• **비율** 옵션은 분석 메뉴에 있음
측정할 측정값에 0보다 작거나 같은 값이 하나 이상 있는 경우에는 승법 모델을 계산할 수 없습니다.	• 추세 또는 계절적 변동이 **승법**으로 설정된 사용자 지정 모델을 만듦 • 이 값을 변경하거나 예측 모델을 **자동**으로 설정해야 함

오류 메시지	해결 방법 제안
승법 추세 및 가법 계절이 있는 모델은 수치적으로 불안정한 결과가 발생하므로 허용되지 않습니다.	• 오류 메시지에 설명된 대로 구성된 사용자 지정 모델을 만듦 • 사용자 지정 모델에 대한 설정을 변경하거나 예측 모델을 **자동**으로 설정함
시계열이 너무 짧아 계절 모델을 계산할 수 없습니다.	• 더 많은 날짜 값을 포함하도록 뷰의 시계열을 확장함

2 예측 모델 종류별 적합도 평가 방법

▲ 예측 기법과 예측 모델

▶ 정의

| 예측 기법 | 독립변수와 종속변수 사이의 관계를 찾아 **종속변수의 값을 예측하는 모형을 만드는 데이터 분석방법** |

| 예측 모델 | 예측 기법을 사용하여 생성된 **종속변수 값을 예측하는 값을 찾기 위한 함수식** |

▲ 예측 모델의 종류

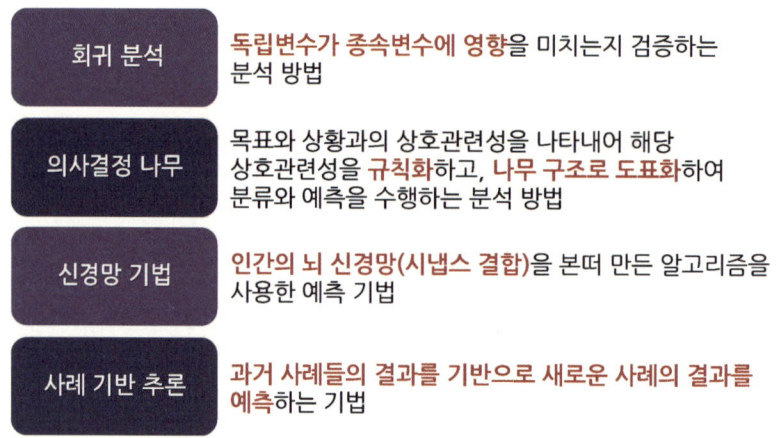

회귀 분석	**독립변수가 종속변수에 영향**을 미치는지 검증하는 분석 방법
의사결정 나무	목표와 상황과의 상호관련성을 나타내어 해당 상호관련성을 **규칙화**하고, **나무 구조로 도표화**하여 분류와 예측을 수행하는 분석 방법
신경망 기법	**인간의 뇌 신경망(시냅스 결합)**을 본떠 만든 알고리즘을 사용한 예측 기법
사례 기반 추론	**과거 사례들의 결과를 기반으로 새로운 사례의 결과를 예측**하는 기법

▲ 예측 오차를 통한 모델 적합도 평가 방법

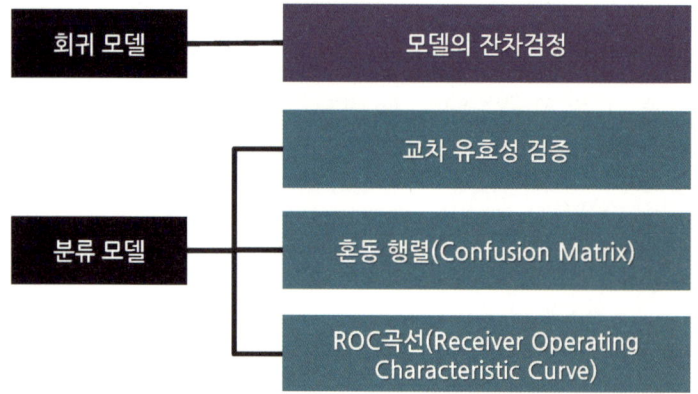

- 회귀 모델 — 모델의 잔차검정
- 분류 모델
  - 교차 유효성 검증
  - 혼동 행렬(Confusion Matrix)
  - ROC곡선(Receiver Operating Characteristic Curve)

회귀 모델 : 모델의 잔차검정

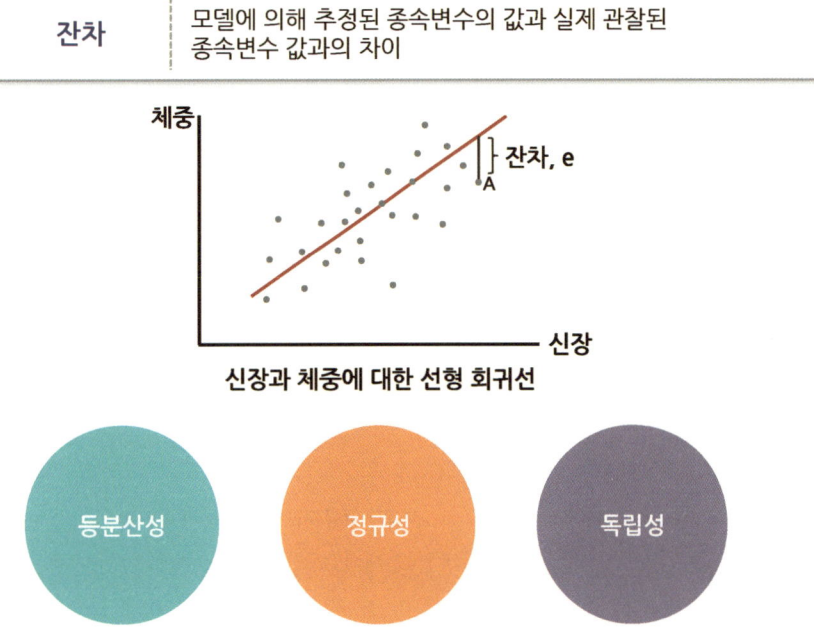

회귀 모델 : 모델의 잔차검정

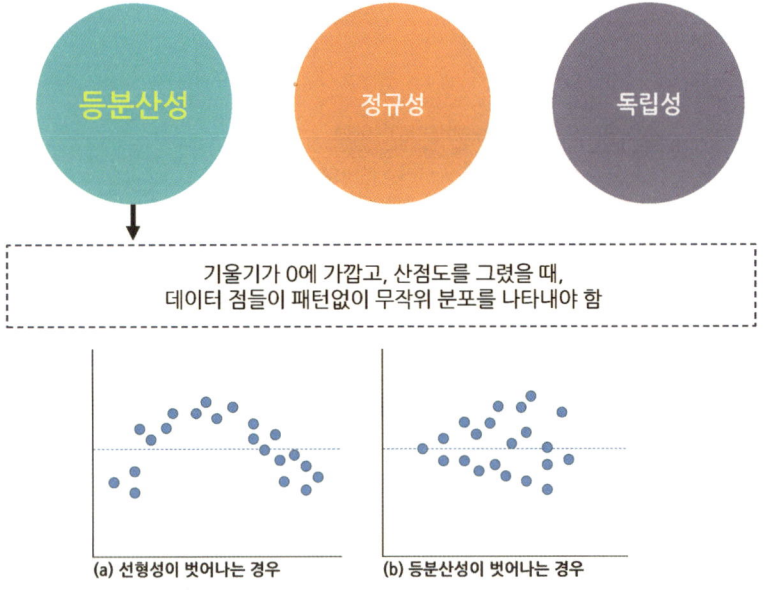

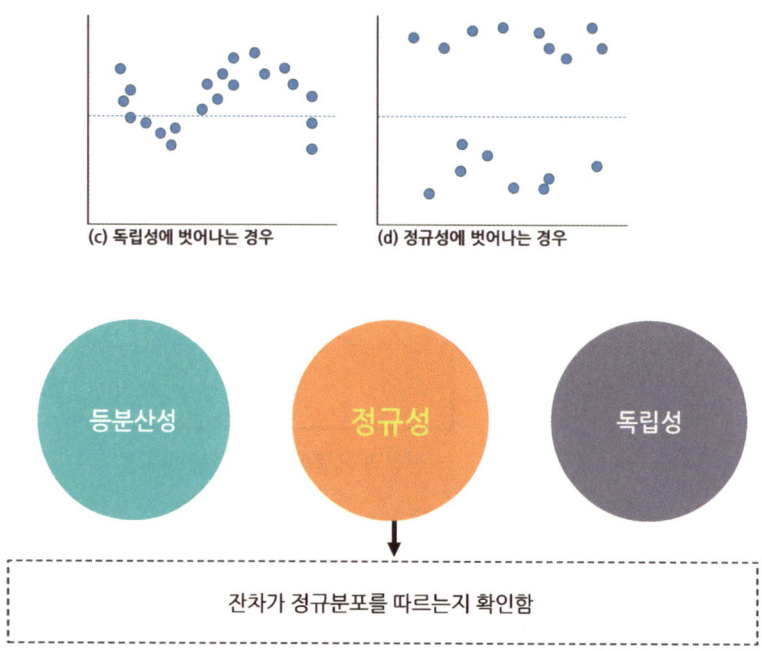

▶ 회귀 모델 : 모델의 잔차검정

자기상관 검정(Durbin-Watson 검정)

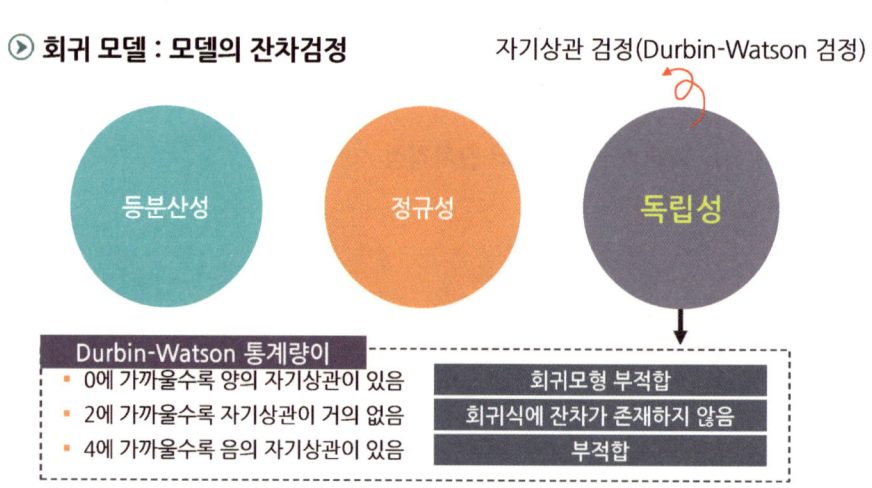

🔺 회귀 모델의 적합도 지수

회귀 모델의 적합도 평가에는 대표적으로 사용되는 **잔차 검정** 외에도 다음과 같은 지수들이 판단 기준으로 사용됨

- R^2(결정계수)
- F검정통계량
- T검정통계량

> 회귀 모델의 적합도 평가에는 대표적으로 사용되는 잔차 검정 외에도 다음과 같은 지수들이 판단 기준으로 사용됨

R^2(결정계수) — 설명력의 지표

F검정통계량   T검정통계량

➡ 추정된 회귀모형이 데이터를 얼마나 잘 설명하도록 추정되었는지를 나타냄
➡ 결정계수가 1에 가까울수록 설명력이 좋다고 판단함
➡ 결정계수가 0에 가까울수록 설명력이 낮다고 판단함

> 회귀 모델의 적합도 평가에는 대표적으로 사용되는 잔차 검정 외에도 다음과 같은 지수들이 판단 기준으로 사용됨

R^2(결정계수)   **F검정통계량** — 모형의 유의성 지표   T검정통계량

➡ 회귀모형의 통계적 유의성을 검정하기 위한 검정통계량

> 회귀 모델의 적합도 평가에는 대표적으로 사용되는 잔차 검정 외에도 다음과 같은 지수들이 판단 기준으로 사용됨

R^2(결정계수)   F검정통계량   **T검정통계량** — 회귀 계수의 유의성 지표

02 예측 모델 성능평가

1 R을 이용한 예측 모델 성능 평가

▲ R예측 모델 성능 평가 실습

▶ R 제공 데이터 cars 사용

```
> head(cars, 3);str(cars)
  speed dist
1     4    2
2     4   10
3     7    4
'data.frame':  50 obs.  of   2 variables:
 $ speed : num  4 4 7 7 8 9 10 10 10 11 …
 $ dist  : num  2 10 4 22 16 10 18 26 34 17 …
```

▶ lm함수 이용, 회귀 모델 생성(lm(종속변수~독립변수, data))

```
> a=lm(dist~speed, cars)
> a
```

▶ 추정된 회귀식
dist=-17.579 + 3.932*speed + e

```
Call :
lm(formula = dist ~ speed, data = cars)

Coefficients :
(Intercept)         speed
    -17.579         3.932
```

▶ 회귀 계수 추출

```
> coef(a)
(Intercept)         speed
 -17.579095      3.932409
```

▶ 예측값 계산

```
> fitted(a)[1:4]
        1           2           3           4
-1.849460   -1.849460    9.947766    9.947766
```

▶ 잔차 계산

```
> residuals(a)[1:4]
       1           2           3           4
3.849460   11.849460   -5.947766   12.052234
```

회귀계수 신뢰구간 계산

```
> confint(a)
                  2.5%           97.5%
(Intercept)   -31.167850      -3.990340
Speed           3.096964       4.767853
```

잔차 제곱합 계산

```
> deviance(a)
[1] 11353.52
```

predict 함수 사용, x=4일 때 예측값 구하기

```
> predict(a, newdata=data.frame(speed=4))
      1
-1.84946
> coef(a)[1]+codf(a)[2]*4
(intercept)
  -1.84946
```

예측값의 신뢰구간 구하기

```
> predict(a, newdata=data.frame(speed=4), interval:"confidence")
      fit         lwr          upr
1  -1.84946   -12.32954     8.630624
```

오차항 고려한 예측값의 신뢰구간

```
> predict(a, newdata=data.frame(speed=4), interval:" prediction")
      fit         lwr          upr
1  - 1.84946   -34.49984     30.80092
```

회귀 모형 평가

```
> summary(a)
call :
lm(formula = dist ~ speed, data = cars)

Residuals :
    Min        1Q      Median       3Q       Max
 -29.069    -9.525    -2.272       9.215    43.201

coefficients :
             Estimate Std.  Error   t value   pr(>|t|)
(Intercept)  -17.5791       6.7584  -2.601    0.0123   *
speed          3.9324       0.4155   9.464    1.49e-12 ***
---
Signif. Codes :    0 '***'  0.001 '**'  0.01 '*'  0.05 '.'  0.1 ' ' 1

Residual standard error : 15.38  on  48  degrees of freedom
Multiple R-squared :  0.6511.       Adjusted R-squared : 0.6438
F-statistic : 89.57   on 1 and 48 DF,    p-value : 1.49e-12
```

잔차의 등분산성 검정 : 출력창 2*2 분할

```
par(mfrow=c(2,2))
plot(a)
```

- 기울기가 0인 직선일수록 등분산성 검정에서 이상적임
- 패턴없이 무작위 분포를 보일수록 좋은 적합임

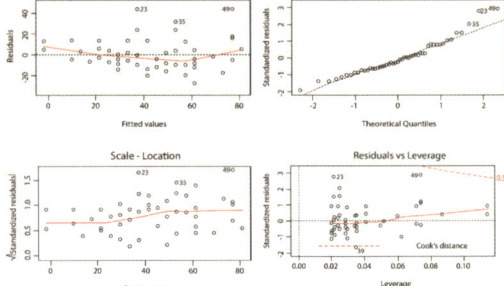

차량의 주행 속도와 제동 거리

선형 회귀 모델의 진단 그래프

- Residuals vs Fitted는 X 축에 선형 회귀로 예측된 Y 값, Y 축은 잔차임
- 선형 회귀(오차 : 평균 0, 분산 :정규분포)로 가정하였으므로 기울기 0 인 직선이 관측되는 것이 이상적임

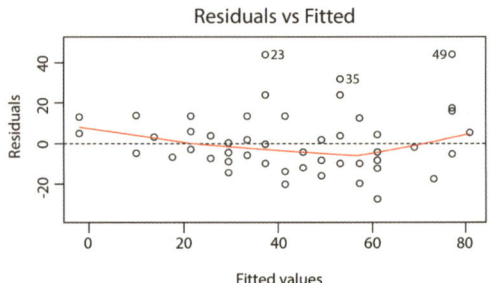

차량의 주행 속도와 제동 거리

선형 회귀 모델의 진단 그래프

- Normal Q-Q는 잔차가 정규 분포를 따르는지 확인하기 위한 Q-Q도임

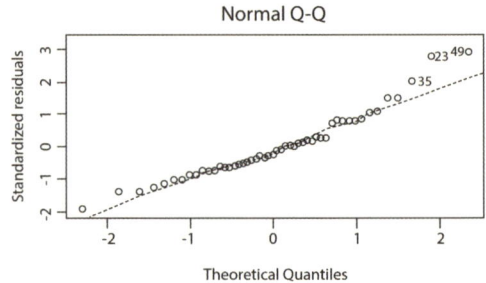

차량의 주행 속도와 제동 거리

선형 회귀 모델의 진단 그래프

- Scale-Location은 X축에 선형 회귀로 예측된 Y값, Y축에 표준화 잔차 Standardized Residual임
- 이 경우도 기울기가 0인 직선이 이상적임

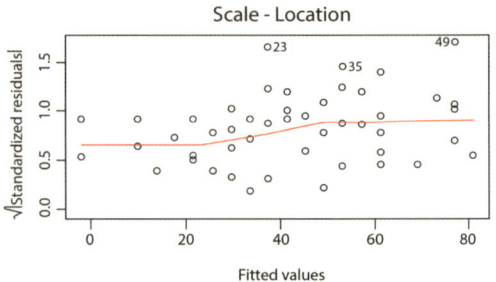

차량의 주행 속도와 제동 거리

> **선형 회귀 모델의 진단 그래프**

➡ Residuals vs Leverage는 X축에 Leverage, Y축에 표준화 잔차임
(Leverage는 설명 변수가 얼마나 극단에 치우쳐 있는지를 의미함)

➡ 어떤 X 값은 모두 1 ~ 10 사이의 값인데 특정 데이터만 5646 값이라면 해당 데이터의 Leverage는 큰 값이 됨
(입력오류인지 살펴 보아야 함)

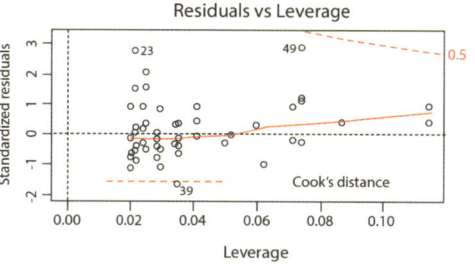

잔차의 정규성 검정 : 잔차 추출

```
> res=residuals(a)
```

잔차의 정규성 검정 : 샤피로 윌크 정규성 검정

```
> shapiro.test(res)

        shapiro-wilk normality test
data : res
W = 0.94509, p-value = 0.02152
```

➡ p-value > 0.05 정규성을 따름
➡ p-value < 0.05 정규성을 따르지 않음

잔차의 독립성 검정(자기상관 검정 : Durbin-Watson) : 자기상관 진단을 위한 패키지 설치

```
install.packages("lmtest")
library(lmtest)
```

- 시점이 다른 오차들 사이에 상관성이 없음
  ➡ '자기상관(Autocorrelation)을 가지지 않는다.'

더빈-왓슨 검정

```
> dwtest(a)

        Durbin-Watson test

data : a
DW = 1.6762, p-value = 0.9522
Alternative hypothesis : true autocorrelation is greater than 0
```

Durbin-Watson 통계량이
- 0에 가까울수록 양의 자기상관이 있음 → 회귀모형 부적합
- 2에 가까울수록 자기상관이 거의 없음 → 회귀분석을 실시할 수 있다.
- 4에 가까울수록 음의 자기상관이 있음 → 부적합

알통 [R을 활용하여 배우는 통계 기반 데이터 분석]

PART 18 교차 유효성 검사를 통한 예측 모델 성능 평가

01 교차 유효성 검사

1 교차 유효성의 개념

▲ 교차 유효성 검사

▶ 정의

| 교차 유효성 검사 (Cross Validation) | 주어진 데이터의 일부를 학습시켜 모델을 생성하고, 나머지 일부(비학습 데이터)는 모델을 검증하는데 사용하는 것 |

➡ '교차 타당화'라고도 함

> 연구 결과에 대한 타당성을, 해당 연구에 사용하지 않은 표본(Sample)으로 평가해보는 타당화 방법을 지칭함

▲ 교차 유효성 검사의 필요성

과적합(Overfitted)을 방지하기 위해 교차 유효성 검사를 함

| 과적합 (Overfitted) | • 비학습 데이터 혹은 향후에 만들어질 모델에 대해 예측력이 떨어지거나 성능이 좋지 않은 상태 |

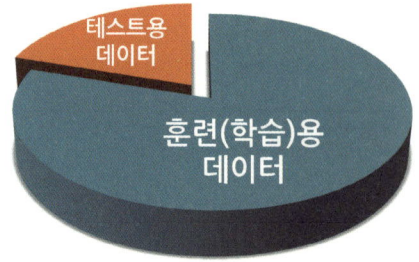

2. 교차 유효성 검사의 종류

종류

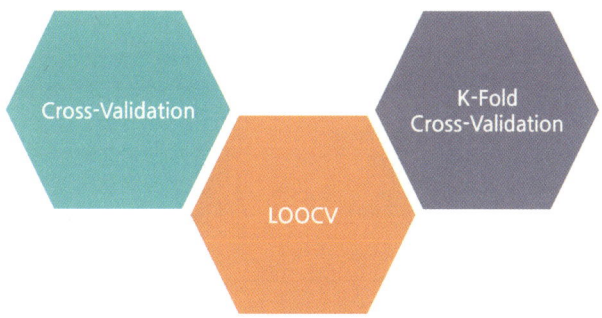

Cross-Validation

| Cross-Validation | 1~n개의 데이터를 랜덤(무작위)하게 n등분하여, 데이터를 Training/Validation으로 나눈 다음 교차하여 확인하는 방법 |

장점
- 구현법이 **간단함**
- 결과값을 추출하는데 걸리는 시간이 짧음

단점
- 표본의 수와 무작위 추출에 결과값이 크게 영향을 받아 결과값이 **불안정해질 수 있음**
- 테스팅 횟수가 적어, 모형을 **정확히 평가하기 힘든 경우가 많음**
- 대표성에 제약이 따름

▶ 다음과 같은 방법으로 도식이 이루어짐 : 데이터를 2등분 한 경우

| 1 2 3 | | | n |

| 8 21 17 | | 97 |

LOOCV

| LOOCV (Leave-One-Out Cross-Validation) | 데이터 n개 중 하나만을 검정(Validation) Set으로 두고, 나머지를 학습(Training) Set으로 모델에 적합시키는 방법 |

➡ 자료가 n개인 경우, 위 과정을 n번 반복 후 결과치들의 평균을 도출하여 사용함

장점	단점

• 결과값이 **비교적 정확함**
  − n-1개의 데이터를 이용하여 결과값을 구하므로, 비편향에 근사하는 성질을 띠기 때문임
※ 비편향(Unbiased)
  : 결과값이 어느 한 쪽으로 치우치지 않아 모집단을 대표할 수 있음
	• 계산량이 많음
	• 시간이 많이 걸림
	• 각 라인별 MSE(Mean Square Error, 평균제곱오차)가 높은 상관관계를 가지기 쉬움
	  − N번 반복되는 과정의 학습 데이터들이 유사하기 때문임
	• 분산이 큼

```
1 2 3                                    n
```

↓

```
1 2 3                                    n
1 2 3                                    n
1 2 3                                    n
          ⋮
1 2 3                                    n
```

▲ K-Fold Cross-Validation

K-Fold Cross-Validation	• **과다한 연산량을 줄여주는 방법** • 데이터를 무작위(Random)로 섞은 후 K등분 한 것 중 하나를 검정(Validation) Set으로 사용하는 방법

장점	단점

• LOOCV보다 적은 연산량으로 **빠른 시간 내에 결과값을 구할 수 있음**
  − k-1개의 데이터를 이용하여 결과값을 구하기 때문임
• LOOCV와 결과값에 크게 차이가 없음
	• 데이터셋을 랜덤하게 섞음으로 인해 **변동성(Variability)이 수반됨**
	  − k번의 연산 반복으로 이를 상쇄하므로 큰 문제는 없음

1 2 3			n

11 76 5				47
11 76 5				47
11 76 5				47
11 76 5				47
11 76 5				47

02 예측 모델 성능 평가

1 R을 이용한 유효성 검사 모델 성능 평가

▲ 실습 : K-Fold

▶ ctree()제공 패키지

```
install.packages("party")
library(party)
```

▶ 교차 검증 표본 (Sampling) 추출 제공 패키지

```
install.packages("cvTools")
library(cvTools)
```

▶ R 제공 데이터 iris 사용

```
head(iris)
str(iris)
```

```
> head(iris)
  Sepal.Length Sepal.Width Petal.Length Petal.Width Species
1          5.1         3.5          1.4         0.2  setosa
2          4.9         3.0          1.4         0.2  setosa
3          4.7         3.2          1.3         0.2  setosa
4          4.6         3.1          1.5         0.2  setosa
5          5.0         3.6          1.4         0.2  setosa
6          5.4         3.9          1.7         0.4  setosa
> str(iris)
'data.frame':	150 obs. of  5 variables:
 $ Sepal.Length: num  5.1 4.9 4.7 4.6 5 5.4 4.6 5 4.4 4.9 ...
 $ Sepal.Width : num  3.5 3 3.2 3.1 3.6 3.9 3.4 3.4 2.9 3.1 ...
 $ Petal.Length: num  1.4 1.4 1.3 1.5 1.4 1.7 1.4 1.5 1.4 1.5 ...
 $ Petal.Width : num  0.2 0.2 0.2 0.2 0.2 0.4 0.3 0.2 0.2 0.1 ...
 $ Species     : Factor w/ 3 levels "setosa","versicolor",..: 1 1 1 1 1 1 1 1 1 1 ...
```

▶ n # 관찰(Observation)의 수 또는 데이터의 크기

K=3겹 교차 검증
R = 1회 반복

```
> cross=cvfolds(nrow(iris),k=3)
> str(cross)
List of 5
 $ n       : num 150
 $ K       : num 3
 $ R       : num 1
 $ subsets : int [1:150, 1] 59 6 147 113 71 115 34 15 138 21 ...
 $ which   : int [1:150] 1 2 3 1 2 3 1 2 3 1 ...
 - attr(*, "class")=chr "cvFolds"
> cross

3-fold cv:
Fold    Index
  1       59
  2        6
  3      147
  1      113
  2       71
  3      115
  1       34
  2       15
  3      138
```

▶ 균등분할 데이터 셋

```
> cross$which
  [1] 1 2 3 1 2 3 1 2 3 1 2 3 1 2 3 1 2 3 1 2 3 1 2 3 1 2
 [27] 3 1 2 3 1 2 3 1 2 3 1 2 3 1 2 3 1 2 3 1 2 3 1 2 3 1
 [53] 2 3 1 2 3 1 2 3 1 2 3 1 2 3 1 2 3 1 2 3 1 2 3 1 2 3
 [79] 1 2 3 1 2 3 1 2 3 1 2 3 1 2 3 1 2 3 1 2 3 1 2 3 1 2
[105] 3 1 2 3 1 2 3 1 2 3 1 2 3 1 2 3 1 2 3 1 2 3 1 2 3 1
[131] 2 3 1 2 3 1 2 3 1 2 3 1 2 3 1 2 3 1 2 3
```

▶ 랜덤하게 선정된 행번호

```
> cross$subsets
         [,1]
  [1,]    59
  [2,]     6
  [3,]   147
  [4,]   113
  [5,]    71
[149,]    18
[150,]    60
```

▲ 실습 : K-Fold → iris data의 3-fold 교차 검정

▶ 3-fold 교차검정

```
k=1:3
```

▶ 분류 정확도 설정

```
acc=numeric()
```

▶ index

```
cnt=1
```

```
for(i in k){
data_index=cross$subsets[cross$which==i,1]
```

> **검정데이터 생성**

```
test=iris[data_index,]
```

> **train 생성**

```
formula=Species~.
```

> **훈련데이터 생성**

```
train=iris[-data_index,]
```

```
K=1 검정데이터 차원 :    50 5
test data 차원 :    100 5
pred            setosa      versicolor      virginica
  setpsa          15            0              0
  versicolor       0           19              1
  virginica        0            1             14
K=2 검정데이터 차원 :    50 5
test data 차원 :    100 5
pred            setosa      versicolor      virginica
  setpsa          18            0              0
  versicolor       0           14              2
  virginica        0            1             15
K=3 검정데이터 차원 :    50 5
test data 차원 :    100 5
pred            setosa      versicolor      virginica
  setpsa          17            0              0
  versicolor       0           15              2
  virginica        0            0             16
```

> **ctree 모델(의사결정나무)**

```
model=ctree(formula, data=train)
pred=predict(model, test)
```

> **정확도 측정**

```
t=table(pred, test$Species)
print(t)
acc[cnt]=(t[1,1]+t[2,2]+t[3,3])/sum(t)
cnt=cnt+1}
acc
mean(acc)
```

```
> acc
[1] 0.90  0.94  0.98
> mean(acc)
[1] 0.94
>
```

PART 19. 컨퓨전 메트릭스(Confusion Matrix)를 통한 분류 모델 성능 평가

01. 혼동 행렬

1. 컨퓨전 메트릭스의 개념

▲ 컨퓨전 매트릭스

▶ 정의

| 컨퓨전 매트릭스 (Confusion Matrix) | 머신러닝 혹은 통계학적 방법이 사용된 분류 모델에서, **알고리즘의 성능을 보기 쉽게 시각화하는 테이블 형태의 레이아웃** |

➡ 혼동행렬이라고도 함

| 타당성 검증 | 모델을 만들 때 모델이 **얼마나 정확한 결과를 계산하는지** 객관적으로 측정하는 것 |

▲ ROC 곡선

▶ 정의

| ROC 곡선 (Receiver Operating Characteristic curve) | 특정 진단 방법의 **민감도와 특이도**가 어떤 관계를 갖고 있는지를 표현한 그래프 |

➡ 제2차 세계대전 때 수신된 레이더 신호에서 적 전투기를 찾으려는 미국의 레이더 연구에서 탄생한 개념

컨퓨전 매트릭스의 형태

컨퓨전 매트릭스 (Confusion Matrix)		실제(True Condition)	
		Positive	Negative
예측(Predicted)	Positive (1)	True Positive (민감도)	False Positive
	Negative (0)	False Negative	True Negative (특이도)

⊙ 예 : 진단검사의학, 예방의학에서 사용되는 표

민감도
어떤 진단법을 사용했을 때 **실제로 이에 해당하는 사람들을 얼마나 잘 찾아내는가** 하는 기준

특이도
어떤 진단법을 사용했을 때 **실제로 이에 해당되지 않는 사람들을 얼마나 잘 분류하는가** 하는 기준

		실제		합계
		Positive	Negative	
예측	Positive	850	150	1000
	Negative	56	87	143
	합계	906	237	1143

P를 P로, N을 N으로 얼마나 잘 분류하였는가?	정확도(Accuracy)	82.0%
얼마나 잘못 분류하였는가?	오류율(Error)	18.0%
P를 P로 얼마나 잘 분류하였는가?	True Positive Rate	93.8%
N을 N으로 얼마나 잘 분류하였는가?	True Negative Rate	36.7%

⊙ 컨퓨전 매트릭스의 주요성능지표

용어	산출식	설명	예
Accuracy	(TP+TN)/(TP+TN+FP+FN)	탐지율 (맞게 검출한 비율)	실제 악성/정상인지 맞게 예측한 비율
Precision	TP/(TP+FP)	정확도 (P로 검출한 것 중 실제 P의 비율)	악성으로 예측한 것 중 실제 악성인 샘플의 비율
Recall	TP/(TP+FN)	재현율 (실제 P를 P로 예측한 비율)	실제 악성 샘플 중 악성으로 예측한 비율
False Alarm (Fall-out)	FP/(FP+TN)	오검출율 (실제 N을 P로 예측한 비율)	실제 정상 샘플을 악성으로 예측한 비율

용어	산출식	설명	예
TPR (True Positive Rate) = Recall	TP/(TP+FN)	예측과 실제 모두 P	실제 악성 샘플을 악성으로 예측한 비율
TNR (True Negative Rate)	TN/(TN+FP)	예측과 실제 모두 N	실제 정상 샘플을 정상으로 예측한 비율
FPR (False Positive Rate) = False Alarm	FP/(FP+TN)	실제 N인데 P로 검출	실제 정상 샘플을 악성으로 예측한 비율
FNR (False Negative Rate)	FN/(TP+FN)	실제 P인데 N으로 검출	실제 악성 샘플을 정상으로 예측한 비율

▲ 컨퓨전 매트릭스의 주요성능지표

| 민감도 | 1인 케이스에 대해 1이라고 예측한 것 |

Ex 메르스 환자를 진찰해서 메르스라고 진단

| 특이도 | 0인 케이스에 대해 0이라고 예측한 것 |

Ex 메르스 환자가 아닌데 메르스라고 진단

▶ ROC 곡선을 만들려면?

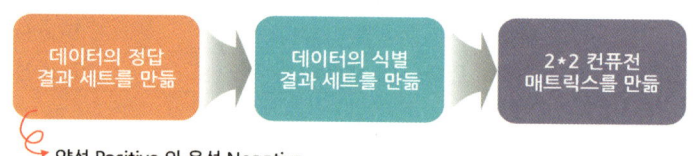

양성 Positive 와 음성 Negative

▲ 컨퓨전 매트릭스의 해석

▶ 정확도(Accuracy)

$$\frac{TP + TN}{TP + FP + TN + FN}$$

- **전체 중에서 올바르게 예측한 정도**
- TP(True Positive)와 TN(True Negative)을 더하여, 전부의 합계로 나눈 값
- P를 P로 N을 N으로 얼마나 잘 분류하였는가?

▶ 정밀도(Precision)

$$\frac{TP}{TP+FP}$$

- **예측한 데이터가 실제와 얼마나 적합한지를 표현한 비율**
- 양성인 것으로 예측된 샘플에서, 실제로 양성인 샘플의 비율
- 적합율이라고도 함

▶ 진양성율(True Positive Rate) = 민감도

$$\frac{TP}{TP+FN}$$

- **실제 양성의 수에서 예측 양성이 어느 정도 적합했는가를 보는 비율**
- 실제로 양성인 샘플에서, 양성이라고 판정된 샘플의 비율
- 검출률(Recall), 감도(Sensitivity), 히트율(Hit Rate), 재현률 등이라고도 함

▶ 진음성율(True Negative Rate)

$$\frac{TP}{FP+TN}$$

- **실제에는 음성인 샘플에서, 음성인 것으로 판정된 샘플의 비율**
- 특이도(Specificity)라고도 함

▶ 위음성율(False Negative Rate)

$$\frac{FP}{TP+FN}$$

- **실제로는 양성인 샘플에서, 음성으로 판정된 샘플의 비율**

▶ 위양성율(False Positive Rate)

$$\frac{FP}{FP+TN}$$

- **실제에는 음성인 샘플에서, 양성으로 판정된 샘플의 비율**
- 오검출율, 오경보율(False Alarm Rate)이라고도 함

컨퓨전 매트릭스의 이용 예시

스팸 메일 여부 분류 모델 컨퓨전 매트릭스

메일이 왔을 때, 스팸 메일인지 아닌지를 분류하는 모델에서
스팸 메일인 경우는 1(Positive)로 일반 메일은 0(Negative)로 표현했을 때,
상태에 따른 예측값과 실제값 구하기

	실제값 (Condition)	예측값 (Predicted)	상태
데이터1		0	FN
데이터2	0		FP
데이터3			TN
데이터4	1		FN
데이터5		1	TP
데이터6	0	1	

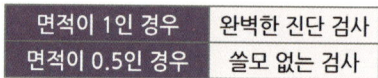

➡ 진단의 정확도는 ROC curve 아래의 면적(AUC : Area Under the ROC Curve)에 의해 측정됨

면적이 1인 경우	완벽한 진단 검사
면적이 0.5인 경우	쓸모 없는 검사

[출처] Receiver Operating Characteristic (ROC) Curve를 이용한 민감도와 특이도 측정, 송상욱, 2009.11

02 분류 모델 성능 평가

1. R을 이용한 컨퓨전 메트릭스 분류 모델 성능 평가

▲ R 컨퓨전 매트릭스 분류 모델 성능 평가 실습

⊙ R제공 데이터 iris 이용, iris데이터 10개 추출

```
> head(iris, 10)
   Sepal.Length Sepal.width Petal.Length Petal.width
1           5.1         3.5          1.4         0.2
2           4.9         3.0          1.4         0.2
3           4.7         3.2          1.3         0.2
4           4.6         3.1          1.5         0.2
5           5.0         3.6          1.4         0.2
6           5.4         3.9          1.7         0.4
7           4.6         3.4          1.4         0.3
8           5.0         3.4          1.5         0.2
9           4.4         2.9          1.4         0.2
10          4.9         3.1          1.5         0.1
   Species
1   setosa
2   setosa
3   setosa
4   setosa
5   setosa
6   setosa
7   setosa
8   setosa
9   setosa
10  setosa
```

⊙ iris 데이터 특성치 확인

```
> summary(iris)
  Sepal.Length     Sepal.width     Petal.Length
 Min.   :4.300   Min.   :2.000   Min.   :1.000
 1st Qu.:5.100   1st Qu.:2.800   1st Qu.:1.600
 Median :5.800   Median :3.000   Median :4.350
 Mean   :5.843   Mean   :3.057   Mean   :3.758
 3rd Qu.:6.400   3rd Qu.:3.300   3rd Qu.:5.100
 Max.   :7.900   Max.   :4.400   Max.   :6.900

  Petal.width          Species
 Min.   :0.100   setosa    :50
 1st Qu.:0.300   Versicolor:50
 Median :1.300   virginica :50
 Mean   :1.199
 3rd Qu.:1.800
 Max.   :2.500
```

⊙ 분류와 컨퓨전 매트릭스 수행을 위한 패키지 설치

```
install.packages("party")
install.packages("caret")
install.packages("e1071")

library(party)
library(caret)
library(e1071)
```

▶ 70%/30% 비율로 나눈 샘플 데이터 생성

```
sp=sample(2,nrow(iris),replace=TRUE, prob=c(0.7,0.3))
```

▶ 70%/30%로 학습 데이터와 테스트 데이터 셋 생성

```
trainData=iris[sp==1,]
testData=iris[sp==2,]
```

▶ 크기와 종에 따른 분류 알고리즘 생성

```
myFomula=Species~Sepal.Length+Sepal.Width+Petal.Length+Petal.Width
```

▶ 알고리즘을 이용한 학습 데이터 셋 ctree(분류나무) 생성

```
iris_ctree=ctree(myFomula, data=trainData)
```

▶ ctree 예측 정도와 학습 데이터 셋의 컨퓨전 매트릭스 생성

```
> sp=sample(2,nrow(iris), replace=True, prob=c(0.7, 0.3))
> trainData-iris[sp==1, ]
> testData=iris[st==2, ]
> myFomula=Species~Sepal.Length+Sepal.sidth+Petal.Length+Petal.width
> iris_ctree=ctree(myFomula, data=trainData)
> table(predict(iris_ctree),trainData$Species)
            setosa   versicolor   virginica
  setosa      34         0            0
  versicolor   0        33            3
  virginica    0         1           33
```

▶ 컨퓨전 매트릭스 함수를 이용한 혼동행렬 생성

```
> confusionMatrix(predict(iris_ctree),trainData($Species)
Confusion Matrix and Statistics

            Reference
Prediction   setosa   versicolor   virginica
  setosa       34         0            0
  versicolor    0        33            3
  virginica     0         1           33
```

ⓘ ctree 도표 생성

`plot(iris_ctree)`

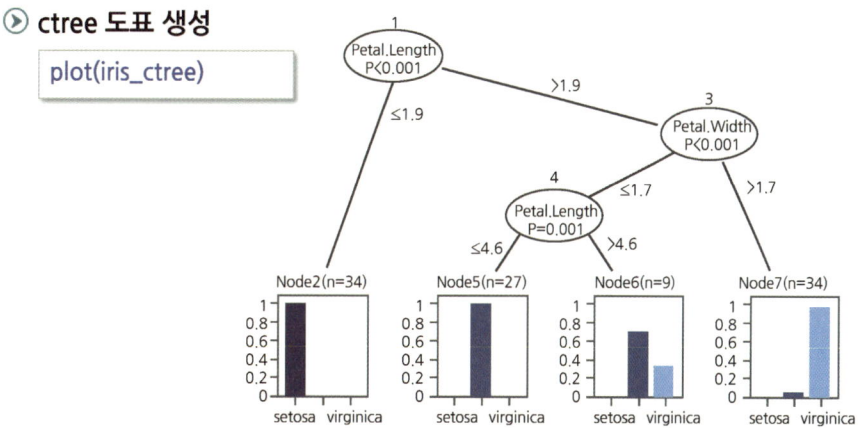

ⓘ 테스트셋 데이터 예측분류 모델

> `testPred=predict(iris_ctree, newdata=testData)`

ⓘ 테스트셋 분류 데이터 컨퓨전 매트릭스

```
> table(testPred, testData$Species)
     testpred setosa versicolor virginica
      setosa      16          0         0
      versicolor   0         16         2
      virginica    0          0        12
```

ⓘ 컨퓨전 매트릭스 생성 함수 이용

```
> confusionMatrix(testpred, testData$Species)
Confusion Matrix and Statistics
            Reference
Prediction  setosa versicolor virginica
  setosa       16          0         0
  versicolor    0         16         2
  virginica     0          0        12
```

알통 [R을 활용하여 배우는 통계 기반 데이터 분석]

PART 20. ROC 곡선 기법을 통한 분류 모델 성능 평가

01 ROC 곡선

1. ROC 곡선의 개념

▲ ROC(Receiver Operation Characteristic) 곡선

▶ 정의

| ROC 곡선 | 식별 모델의 성능 평가 방법 |

↪ 제2차 세계대전 때 수신된 레이더 신호에서 적 전투기를 찾으려는 미국의 레이더 연구에서 탄생한 개념으로 글자가 구성되어 **수신자 조작 특성을 의미함**

두 개의 범주를 가지고 있는 분류 모형의 성능을 평가하기 위해 쓰는 그래프

민감도(Sensitivity)와 특이도(Specificity)를 알아보는데 주로 사용됨

▶ 특징

신호감시이론(Signal Detection Theory)의 한 분야였음

세계 2차 대전 당시, 레이더가 감지한 신호를 통해 적함/아군함/단순 잡음인지를 판별하는데 사용함

레이더를 수신(Receiver Operating)하는 수신기의 특성(Characteristic)을 요약하여 보여준다는 점에 착안하여 ROC라는 이름이 붙음

1970년 이후, 의료와 금융 등 분류가 필요한 분야에 ROC 분석이 유용하게 사용됨

민감도와 특이도

정의

민감도(Sensitivity)
- 진양성율(True Positive Rate)
- 실제 양성의 수에서 예측 양성이 어느 정도 적합했는지를 보는 비율
- 실제로 양성인 샘플에서, 양성이라고 판정된 샘플의 비율

특이도(Specificity)
- 진음성율(True Negative Rate)
- 실제에는 음성인 샘플에서, 음성인 것으로 판정된 샘플의 비율

	Predict		
True		Positive	Negative
	Positive	a	b
	Negative	c	d

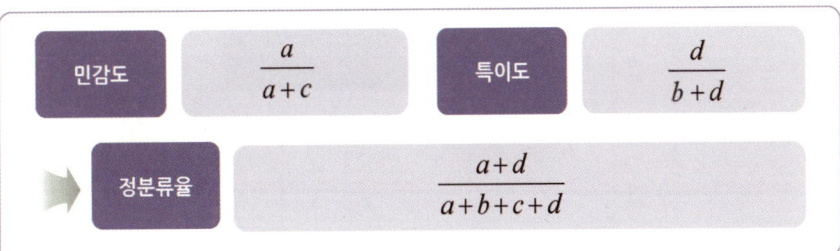

- 민감도: $\dfrac{a}{a+c}$
- 특이도: $\dfrac{d}{b+d}$
- 정분류율: $\dfrac{a+d}{a+b+c+d}$

2 ROC 곡선의 사례와 적용

ROC 곡선 활용 및 적합도 판단 기준

ROC 곡선의 활용

민감도와 특이도를 활용하여 그려짐

분류 모형의 적합도를 알 수 있음
➡ 적합도는 곡선 아래의 면적(AUC-Area Under Curve)으로 판단함
➡ **1에 가까울수록 좋은 모형**이라고 할 수 있음

여러 개의 분류 모형 중 가장 좋은 모형을 선택하는 기준으로 활용됨
➡ 곡선 아래의 면적을 선택 기준으로, **면적이 가장 넓은 모형을 채택하는 것이 바람직함**

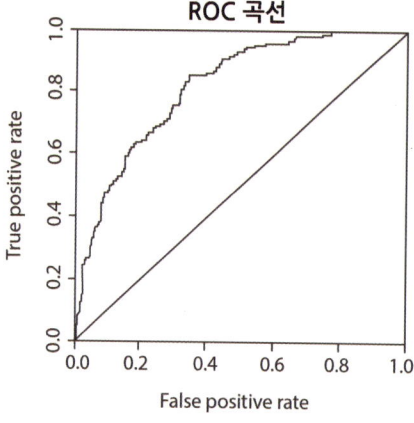

- 적합도는 곡선 아래의 면적(AUC-Area Under Curve)으로 판단하는데, **1에 가까울수록 좋은 모형**이라고 할 수 있음
- 곡선이 Y축(민감도) = 1.0 부분에서 직각으로 꺾이는 형태가 면적이 1에 가까울수록 적합도가 좋다고 판단함

AUC 판단 기준	
.90-1	Excellent(A)
.80-.90	Good(B)
.70-.80	Fair(C)
.60-.70	Poor(D)
.50-.60	Fail(F)

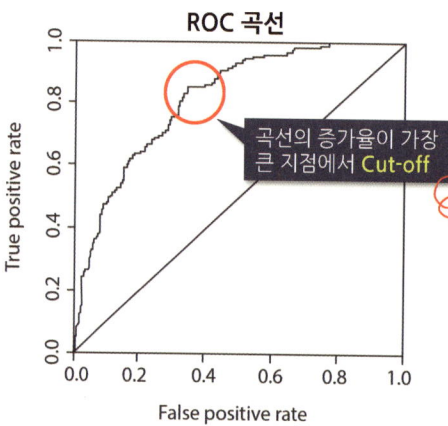

곡선의 증가율이 가장 큰 지점에서 Cut-off

ROC 곡선은, Cut-off Point를 찾는 데에도 활용이 가능함

조사목적을 위하여 데이터가 충분히 얻어졌을 때, 어떤 점에서 추출과정을 인위적으로 절단하는 지점

ROC 곡선의 활용 사례

신용등급 분류 모델 성능 평가

? 주어진 데이터가 다음과 같을 때, 제시된 조건을 이용하여 ROC곡선을 그려 보세요.

신용등급	정상	부도
4등급 이하	22	3
5~6 등급	8	14
7~8 등급	5	28
9등급 이상	4	32
전체	39	77

- 대출 대상을 5등급 이하의 고객으로 제한할 경우, 전체 **정상** 고객 중 4등급 이상 고객의 비율

True Positive = 0.56(= 22/39)

❓ 주어진 데이터가 다음과 같을 때, 제시된 조건을 이용하여 ROC곡선을 그려 보세요.

신용등급	정상	부도
4등급 이하	22	3
5~6 등급	8	14
7~8 등급	5	28
9등급 이상	4	32
전체	39	77

➡ 대출 대상을 5등급 이하의 고객으로 제한할 경우, 전체 **부도** 고객 중 4등급 이상 고객의 비율

False Positive = 0.04(= 3/77)

❓ 주어진 데이터가 다음과 같을 때, 제시된 조건을 이용하여 ROC곡선을 그려 보세요.

➡ 앞서 살펴 본 방법으로 Cut-Off Point를 계산하면

Cut-off point	True Positives	False Positives
5등급	0.56	0.04
7등급	0.77	0.22
9등급	0.90	0.58

❓ 주어진 데이터가 다음과 같을 때, 제시된 조건을 이용하여 ROC곡선을 그려 보세요.

➡ Cut off point를 이용하여 꼭지점을 연결하여 ROC곡선 그리기

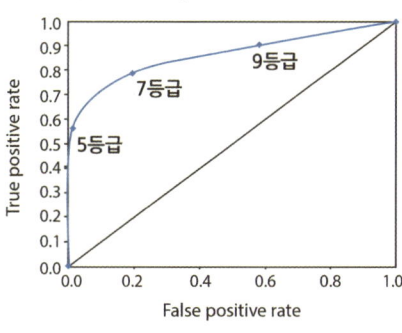

- ROC 곡선이 Y축 꼭지점에 근접할수록 평가모형이 우수하다는 것을 의미함
- 곡선 아래의 면적(AUC)으로 모형의 설명력을 평가함

02 분류 모델 성능 평가

1. R을 이용한 곡선 이용 분류 모델 성능 평가

▲ R ROC 곡선 이용 분류 모델 성능 평가

⊙ ROC 곡선 생성 및 분류 모델 형성을 위한 패키지 설치

```
install.packages("ROSE")
install.packages("DMwR")
install.packages("rpart")
```

⊙ 라이브러리 할당

```
library(ROSE)
library(DMwR)
library(rpart)
```

⊙ R 제공 데이터 hacide 사용

```
data(hacide)
```

⊙ 훈련데이터 속성 확인

```
str(hacide.train)
'data.frame' :      1000  obs. of   3 variables :
$ cls: factor w/ 2 levels "0", "1" : 1 1 1 1 1 1 1 1 1 1 …
$ x1 : num  0.2008  0.0166  0.2287   0.1264  0.6008 …
$ x2 : num  0.678   1.5766 -0.5595  -0.0938 -0.2984…
```

⊙ 타겟 변수 분포 확인

```
> table(hacide.train$cls)

   0    1
 980   20
```

⊙ 타겟 변수 분포 비율 확인

```
> prop.table(table(hacide.train$cls))

   0     1
 0.98  0.02
```

⊙ 의사결정나무 생성 후 정확도 산출 (분류모델 생성)

```
tree=rpart(cls ~.,data=hacide.train)
pred.tree=predict(tree,newdata=hacide.test)
```

```
> accuracy.meas(hacide.test$cls,pred.tree[,2])
Call:
accuracy.meas(response = hacide.test$cls, predicted = pred.tree[,2]
Examples are labelled as positive when predicted is greater than 0.5

precision: 1.000
recall : 0.200
F : 0.167
```

⊙ ROC 곡선을 통한 분류 모델 정확도 측정

```
> roc.curve(hacide.test$cls, pred.tree[,2],plotit=T)
```
Area under the curve (AUC) : 0.600

➡ AUC 결과는 0.6으로 본 모형의 적합도는 판단 기준에 의해 형편없는 것으로 판단됨

➡ 그래프 역시 낮은 Y축 cut point를 보이며 그래프를 통한 모형 적합도 역시 낮은 것으로 나타남

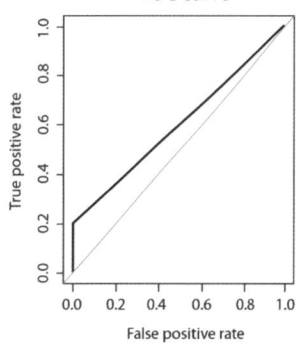

[영문]

A
API 키 · 48
APPlication Settings · 47

B
bar · 32
base64enc · 48

C
colors · 19
Create New App · 46

D
D3js · 43

F
Filter · 20, 29, 31, 52
freq · 19

G
getwd · 18
gsub · 29, 30, 31, 37

H
httr · 27, 49

J
JDK 설치 · 16

K
KoNLP · 19, 20, 22, 29, 51, 52

M
max.words · 19, 37

O
ordered.colors · 19

P
pie · 32
plot · 24
plyr · 36

R
R 스튜디오 · 48
R 프로그램 · 16
random.color · 19
random.order · 19
RColorBrewer · 20, 29, 30, 53
ROAuth · 49
rot.per · 19
Rstudio · 17, 27
rvest · 27, 35

S

scale · 19
setup_twitter_oauth · 49
setwd · 18, 20, 27, 35, 41, 51, 52
SimplePos09 · 22
sos · 36
stringr · 27, 36

T

text · 28, 33, 35, 36, 37, 44, 45, 50, 51
twitteR · 48

W

words · 19

X

xampp · 43, 44

그래프 시각화 · 32, 41
긍정 · 34, 35
꼬꼬마 · 23

ㄴ

네이버 데이터 트렌드 · 13
넷플릭스 · 15
농업 빅데이터 · 15

ㄷ

댓글 · 26, 34
데이터 분석 · 20, 26, 30, 51, 55
데이터 시각화 · 18, 24, 32, 38, 43, 44, 52, 87
데이터 정제 · 29, 30, 53, 54

ㅁ

민원데이터 · 20

ㅂ

반정형 데이터 · 11, 12
버즈 · 46
부정 · 34, 35
비정형 데이터 · 11
빅데이터 · 10, 11, 12, 15, 55, 83, 86
빈도 · 21, 35
빈도수 · 38

ㅅ

서버 · 43
선형 그래프 · 24

[한글]

ㄱ

가설 · 55, 57
가설 설정 · 57
감성 분석 · 34, 36, 38, 39
검색 순위 · 46
고객 맞춤형 · 13
고유 키값 · 47
공공 데이터 · 40
구글 렌즈 · 14
군집화 · 145, 148, 151, 154

ㅇ

아마존 · 14
아비바 · 13
애플리케이션 셋팅 · 47
얼굴 인식 · 15
영화 평점 · 26, 27
워드클라우드 · 19, 31
육군 신체 치수 · 40, 42
이미지 인식 · 15
인수 · 24

ㅈ

자바스크립트 · 43
자연어 · 19, 21, 22
정형 데이터 · 11, 41

ㅊ

추천 시스템 · 21
충돌감지 · 44

ㅋ

카메라 센서 · 15
카카오트렌드 · 13
컨슈머 · 46, 47, 49
컨슈머 시크릿 · 47, 49
컨슈머 키 · 46, 47, 49
코드 인식 · 15
콘텐츠 필터링 · 14
클라이밋 · 15

ㅌ

테라바이트 · 10
텍스트 데이터 구조 · 22

통계적 분석의 종류 · 56
트렌드 분석 · 12, 13
트위터 · 46, 48, 49, 50, 51

ㅍ

팔로워 · 46
평점 · 26, 27, 32, 33

ㅎ

형태소 · 22, 23